钣金展开图解法入门

兰文华 编著

机械工业出版社

本书用图解的形式讲述钣金展开的方法，浅显易懂。全书共四章，第一章是钣金展开放样作图基础知识的介绍，包括投影、几何作图、图解法展开基础知识，是为读者，特别是刚入职的初学者，深入学习钣金展开方法打好基础；第二、三、四章分别介绍了平行线展开法、放射线展开法和三角形展开法，包括各种圆管弯头、圆管三通、圆锥台、方锥台、方圆过渡等结构的展开。

本书适合钣金工、铆工、管工和从事机械制造的工程技术人员阅读，也可作为技校、职业技术学校相关工种培训用书。

图书在版编目（CIP）数据

钣金展开图解法入门/兰文华编著. —北京：机械工业出版社，2022.12
ISBN 978-7-111-71859-8

Ⅰ.①钣…　Ⅱ.①兰…　Ⅲ.①钣金工－图解　Ⅳ.①TG38－64

中国版本图书馆 CIP 数据核字（2022）第 210313 号

机械工业出版社（北京市百万庄大街22号　邮政编码100037）
策划编辑：吕德齐　　　　　责任编辑：吕德齐　高依楠
责任校对：潘　蕊　王明欣　封面设计：马若濛
责任印制：任维东
北京富博印刷有限公司印刷
2023 年 1 月第 1 版第 1 次印刷
260mm×184mm·10.25 印张·291 千字
标准书号：ISBN 978-7-111-71859-8
定价：45.00 元

电话服务　　　　　　　　　　　网络服务
客服电话：010－88361066　　　机　工　官　网：www.cmpbook.com
　　　　　010－88379833　　　机　工　官　博：weibo.com/cmp1952
　　　　　010－68326294　　　金　书　网：www.golden－book.com
封底无防伪标均为盗版　　机工教育服务网：www.cmpedu.com

前　言

何谓钣金展开？各种形状的钣金制件，若剖开平放，都会有一个相对应的平面图形，因此，根据施工图提供的被展体形状及尺寸，在工作平台上作放样图，画出这个被展体对应的平面图样的过程就是钣金展开。

过去人们都习惯用正投影原理，以1:1比例在平台上放大样获取被展体展开所需的素线实长，从而完成这个对应的展开平面图样。随着社会的发展和科学技术的进步，特别是电子计算器和计算机的出现，钣金展开可不用放大样，直接用计算的方法就能获得被展体展开所需要的各条素线实长，完成展开图样。若用计算机来计算，不但计算速度快，而且计算精度高，为此，作者本人也曾编写了几本计算钣金展开的书，其中有两本就是机械工业出版社出版的，书名《钣金展开计算手册》和《钣金展开计算210例》，而且还配有光盘，只要读者拥有它，定是你工作中的好助手，特别是光盘所起的作用更是如虎添翼、锦上添花。

不过，钣金展开采用计算方法固然科学先进，但还需要理解计算公式，正确使用计算公式才能更好地实现展开。要真正理解计算公式，弄懂它也是一件不容易的事，首先，学习者必须具备放样作图展开的基础知识，因为钣金展开计算法中的公式是根据图解法投影规律作图原理来建立的。若学习者没有这门基础知识，是很难理解钣金展开计算公式的。笔者从事青年工人技能培训教育工作多年，发现凡是参加工作多年的青年工人，在工作中参与过放样作图、投影展开的，对图解法知识有所了解，理解计算公式的能力也就更强，学习钣金展开计算法就更快。而对于新参加工作的青年工人来说，只要先学好图解法展开这门知识，夯实学前基础，就一定能学会计算法作展开。

学习技术知识，也好比学习文化知识，没有上过小学、中学，就直接上大学，这显然是不行的。所以要想学好钣金展开计算知识，就得先学好图解法展开放样基本知识，其实，现在工厂里有好多年轻的技术人员，就是应用这门基本知识在计算机中放样作图展开的，这就足以说明基础知识的重要性。尤其是刚参加工作的青年工人，更应该先学好这门基础知识。万丈高楼平地起，学习技术知识也是同样的道理，所以，笔者再次提笔编写了《钣金展开图解法入门》这本书，以便帮助读者，特别是刚入职的青年工人，能够在学习钣金展开计算知识之前打好基础。

由于作者水平有限，书中难免存在不足之处，敬请广大读者批评指正。

祝读者学习有方，事业有成！

兰文华

被展体立体图集

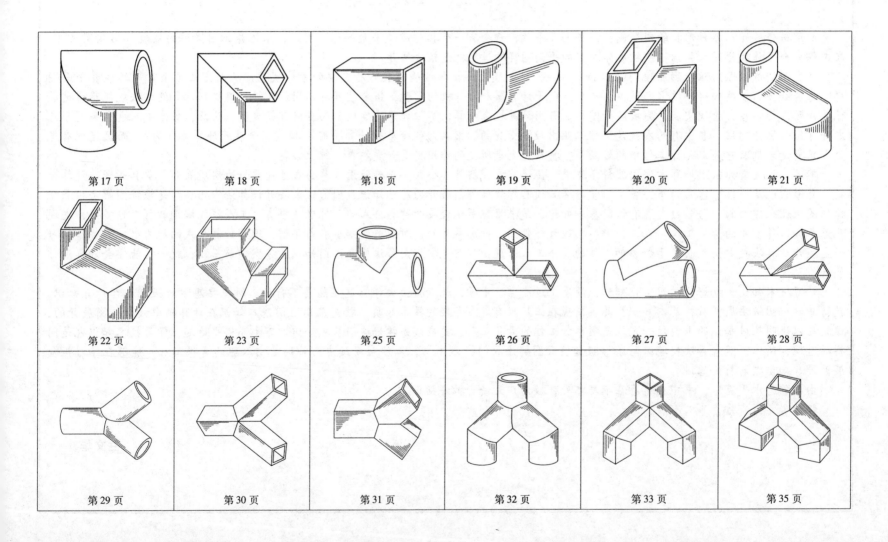

第 17 页　　第 18 页　　第 18 页　　第 19 页　　第 20 页　　第 21 页

第 22 页　　第 23 页　　第 25 页　　第 26 页　　第 27 页　　第 28 页

第 29 页　　第 30 页　　第 31 页　　第 32 页　　第 33 页　　第 35 页

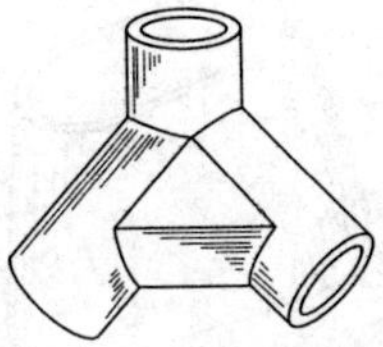

第 36 页

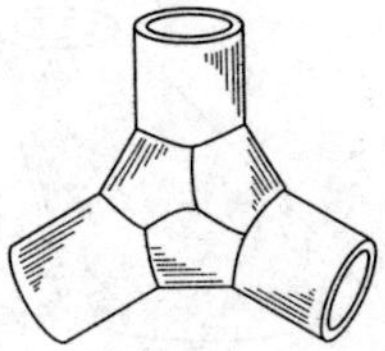

第 38 页

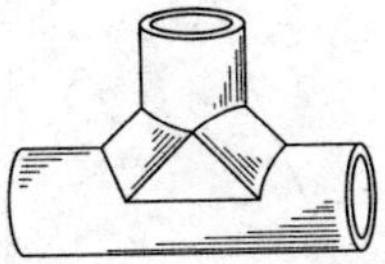

第 39 页

第 41 页

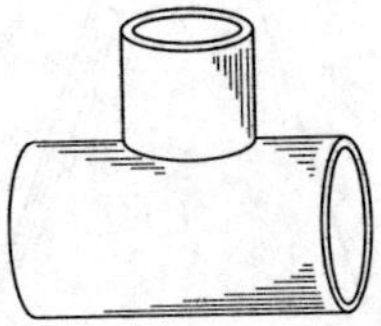

第 43 页

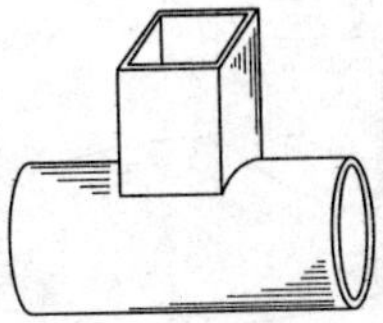

第 45 页

第 46 页

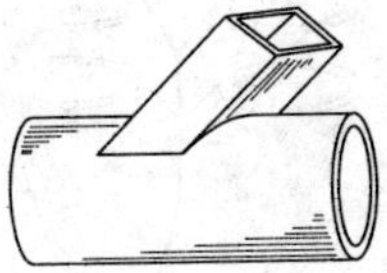

第 47 页

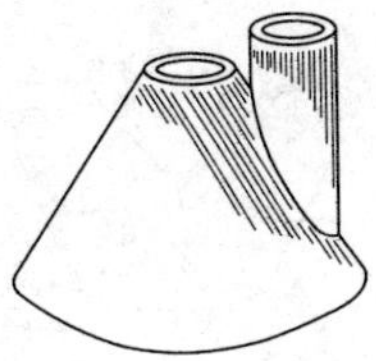

第 49 页

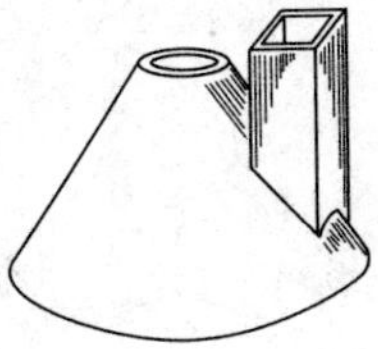

第 50 页

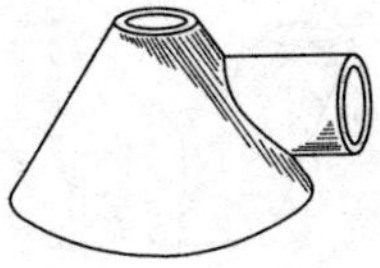

第 52 页

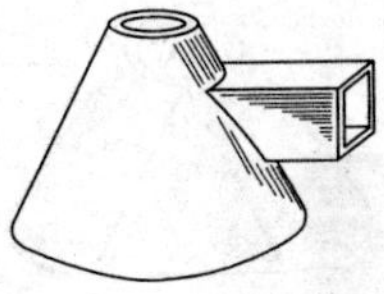

第 53 页

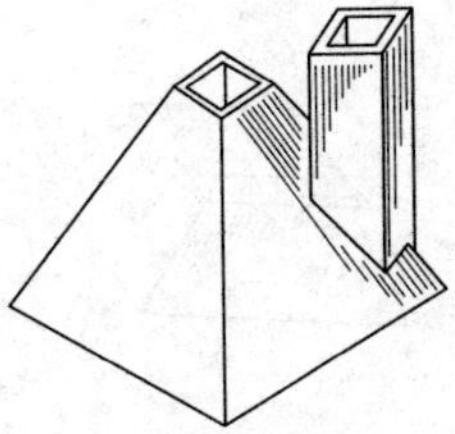

第 55 页

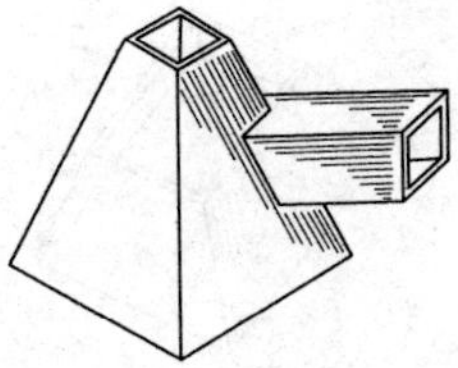

第 57 页

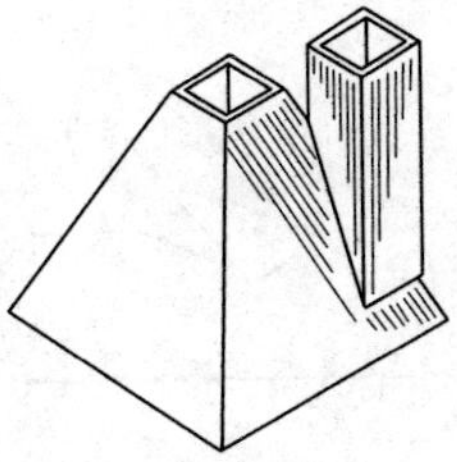

第 59 页

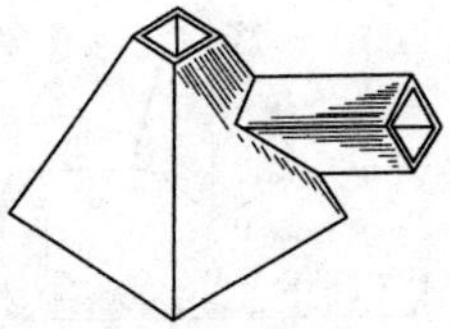

第 60 页

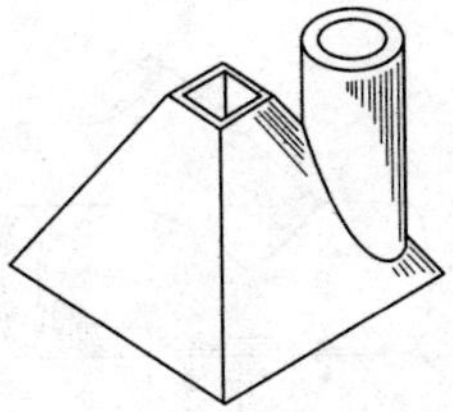

第 61 页

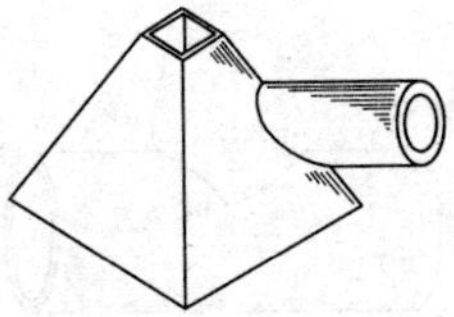

第 63 页

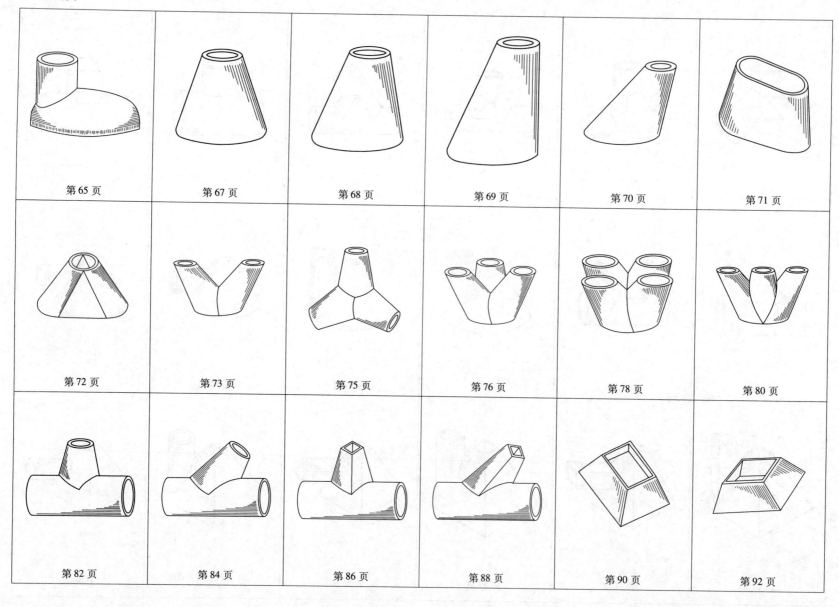

第 65 页　　第 67 页　　第 68 页　　第 69 页　　第 70 页　　第 71 页

第 72 页　　第 73 页　　第 75 页　　第 76 页　　第 78 页　　第 80 页

第 82 页　　第 84 页　　第 86 页　　第 88 页　　第 90 页　　第 92 页

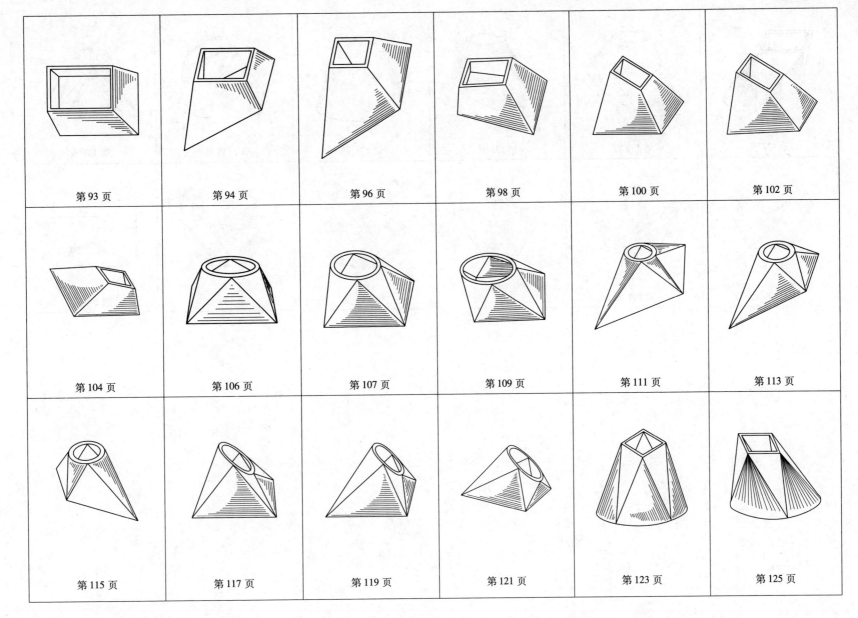

第 93 页

第 94 页

第 96 页

第 98 页

第 100 页

第 102 页

第 104 页

第 106 页

第 107 页

第 109 页

第 111 页

第 113 页

第 115 页

第 117 页

第 119 页

第 121 页

第 123 页

第 125 页

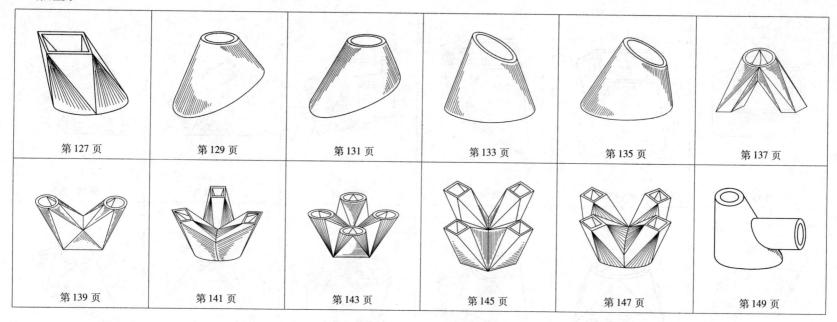

目　　录

第一章 钣金展开放样作图基础知识

　　图解法展开就是依据施工图所提供的被展体形状、形态及相关尺寸，以 1:1 的比例在平面上画出与施工图相同的图样，然后对照多面视图按正投影原理画出各有关实长素线，最后根据各实长素线，按各自所排列的相对位置依次画出被展体展开图样的全过程。这就要求制作者不但要具备看懂图的能力，而且还应具备制图的技能，所以，读者在学习图解法展开技能的同时，很有必要先了解投影作图最基本的一些知识，夯实基础有利于更深层的学习和技能的提高，尤其对初学者更为重要。

一、投影基本知识

1. 投影

　　物体受光线照射时，在物体后面的投影平面上就会有一定形状的影子出现，这种现象就叫投影。投影分两大类：中心投影和平行投影。

　　（1）中心投影　以一点为中心发出的光线，照射物体后，在物体后面的投影面上所得到的投影（图 1-1）。

　　（2）平行投影　用平行光线照射物体，在物体后面投影面上所得到的投影（图 1-2）。平行投影又分正投影、斜投影两种（图 1-3）。

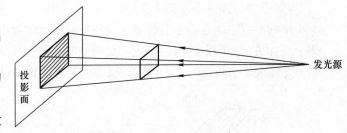

图 1-1　中心投影示意图

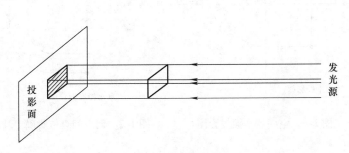

图 1-2　平行投影示意图

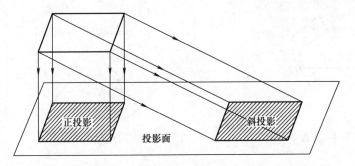

图 1-3　正投影、斜投影示意图

2. 正投影概念

　　1）正投影是指投射线互相平行，并与投影面垂直所得到的投影（图 1-4）。用一束垂直于投影面 V 的平行光照射物体 $ABCDE$，在该物体后的投影面上就会出现被照射物体的图像 $abcde$，用这种方法所获得的图像就是正投影图。

2）正投影的优点是能正确表达物体的真实形状及大小，而且绘图方法简便，所以在工程上获得了广泛应用。

3. 点、线、面的正投影特性

（1）点的正投影特性

点的正投影仍是点。

1）点在 V、H、W 三个投影面上的投影规律（图 1-5、图 1-6）。

① 空间点 E 在正投影面 V 上的投影 e' 点与水平投影面 H 上的投影 e 点之间的连线必定垂直于 Ox 轴，正投影面 V 上的投影 e' 点与侧投影面 W 上的投影 e'' 点之间的连线，也必定垂直于 Oz 轴。

② 水平投影面 H 上的投影 e 点到 Ox 轴的距离，永远等于侧投影面 W 上的投影 e'' 点到 Oz 轴的距离。

2）空间点的位置确定（图 1-7）。

① x 坐标决定空间点的左右位置，反映空间点到侧投影面 W 的距离。

② y 坐标决定空间点的前后位置，反映空间点到正投影面 V 的距离。

③ z 坐标决定空间点的上下位置，反映空间点到水平投影面 H 的距离。

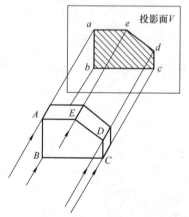

图 1-4　正投影原理图

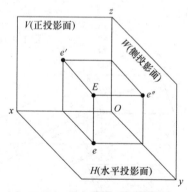

图 1-5　空间点直观投影图

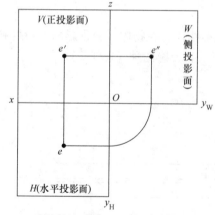

图 1-6　空间点平面投影图

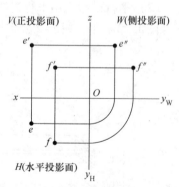

图 1-7　两空间点位置确定及比较视图

3）空间点的位置比较（图 1-7）。

e、e'、e'' 各点是空间点 E 分别在 H、V、W 投影面上的投影，f、f'、f'' 各点是空间点 F 分别在 H、V、W 投影面上的投影。

① 空间点 E 位置在左，距 W 投影面远；空间点 F 位置在右，距 W 投影面近。

② 空间点 E 距 V 投影面近；空间点 F 距 V 投影面远。

③ 空间点 E 位置在上，距 H 投影面远；空间点 F 位置在下，距 H 投影面近。

4）两空间点所在位置比较的特点。

① 正投影面 V 与水平投影面 H，都能反映两空间点的左右位置。

② 正投影面 V 与侧投影面 W，都能反映两空间点的上下位置。

③ 水平投影面 H 与侧投影面 W，都能反映两空间点的前后位置。

在钣金展开放样图中，点的正投影应用非常广泛，特别是相贯体结合处的相贯线，就是根据多面视图各素线相交点，按点的正投影原理对应找出各相贯点而获得。

（2）直线段的正投影特性

1）直线段相对于一个投影面的投影特性有三种（图1-8）。

① 当直线段平行于投影面时，所得到的投影图像是实长，反映线段的真实性（图1-8a）。

② 当直线段倾斜于投影面时，所得到的投影图像是缩短的线段，反映线段的收缩性（图1-8b）。

③ 当直线段垂直于投影面时，所得到的投影图像是一个点，反映线段的积聚性（图1-8c）。

2）直线段在投影体系中，相对于三个投影面的投影特性。

① 投影面垂直直线段，指直线段垂直于一个投影面，且与另外两个投影面平行。其投影有三种位置形态：正垂线、铅垂线、侧垂线（图1-9）。

正垂线是垂直于正投影面 V 的直线段（图1-9a），铅垂线是垂直于水平投影面 H 的直线段（图1-9b），侧垂线是垂直于侧投影面 W 的直线段（图1-9c）。

这类直线段的投影特性是，在所垂直的投影面上的投影积聚成一点，而在另外两个投影面的投影则是反映实长的直线段。

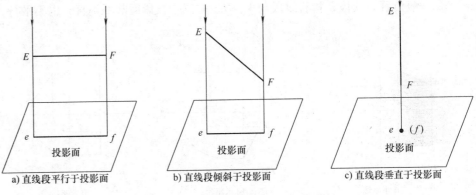

a) 直线段平行于投影面　　b) 直线段倾斜于投影面　　c) 直线段垂直于投影面

图1-8　直线段三种位置形态投影特性

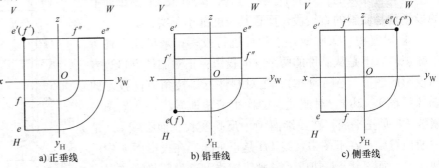

a) 正垂线　　b) 铅垂线　　c) 侧垂线

图1-9　投影面垂直直线段三种位置形态投影图

② 投影面平行直线段，指直线段平行于一个投影面，而倾斜于另外两个投影面。其投影也有三种位置形态：正平线、水平线、侧平线（图 1-10）。

正平线是平行于正投影面 V 的直线段（图 1-10a），水平线是平行于水平投影面 H 的直线段（图 1-10b），侧平线是平行于侧投影面 W 的直线段（图 1-10c）。

这类直线段的投影特性是，在所平行的投影面上的投影是一条反映实长的斜线，而另外两个投影面反映的则是缩短了的直线段。

③ 一般位置直线段，指直线段与 V、H、W 三个投影面既不垂直，也不平行，都处于倾斜位置状态（图 1-11）。

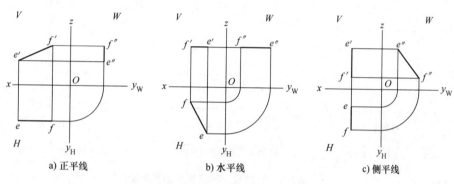

a) 正平线   b) 水平线   c) 侧平线

图 1-10　投影面平行直线段三种位置形态投影图

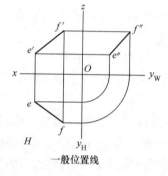

一般位置线

图 1-11　一般位置直线段投影图

这类直线段的投影特性是，在 V、H、W 三个投影面上的投影均是倾斜的直线段，而且其长度都小于实长。

④ 对实物"天圆地方"制件进行投影，来巩固上述所学知识。以下是从制件的两个方向投影：正对制件方口边方向投影的图像（图 1-12a），正对制件方口棱角方向投影的图像（图 1-12b）。对照两组图像很清楚地看出，在上图中素线 EF 是正平线，在投影面 V 中反映实长，而素线 CD 是一般位置线。在下图中素线 CD 是正平线，在投影面 V 中反映实长，而素线 EF 却成了一般位置线，这说明投影位置方向很重要。

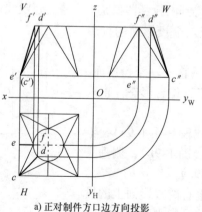

a) 正对制件方口边方向投影

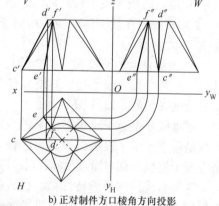

b) 正对制件方口棱角方向投影

图 1-12　"天圆地方"制件投影图

（3）平面的正投影特性

1）平面相对于一个投影面的正投影特性也有三种（图 1-13）。

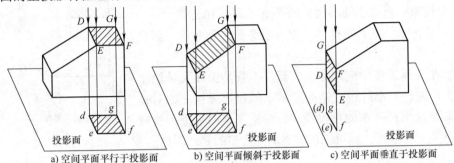

a) 空间平面平行于投影面　　b) 空间平面倾斜于投影面　　c) 空间平面垂直于投影面

图 1-13　平面三种位置形态投影图

①　当空间平面平行于投影面时，得到的投影图像与原平面相同，属不变形，反映被投影平面的真实性（图 1-13a）。

②　当空间平面倾斜于投影面时，得到的投影图像是类似形，反映被投影平面的收缩性（图 1-13b）。

③　当空间平面垂直于投影面时，得到的投影图像是一条线，反映被投影平面的积聚性（图 1-13c）。

2）平面在投影体系中有相对于三个投影面的投影特性。

①　投影面垂直面，指空间平面垂直于一个投影面，而倾斜于另外两个投影面。这种投影有三种位置形态的投影：正垂面、铅垂面、侧垂面（图 1-14）。

正垂面是垂直于正投影面 V 的平面（图 1-14a），铅垂面是垂直于水平投影面 H 的平面（图 1-14b），侧垂面是垂直于侧投影面 W 的平面（图 1-14c）。

这类平面的投影特性是，平面垂直于投影面上的投影，积聚成一条倾斜的直线，而在另外两个投影面上的投影为原平面的类似形，但尺寸缩小。

②　投影面平行面，指空间平面平行于一个投影面，而垂直于另外两个投影面。这种投影也有三种位置形态的投影：正平面、水平面、侧平面（图 1-15）。

正平面是平行于正投影面 V 的平面（图 1-15a）。水平面是平行于水平投影面 H 的平面（图 1-15b）。侧平面是平行于侧投影面 W 的平面（图 1-15c）。

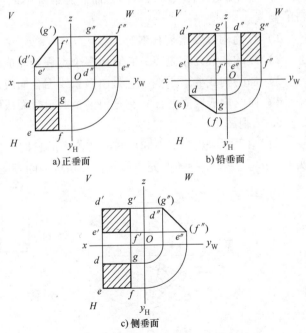

a) 正垂面　　b) 铅垂面

c) 侧垂面

图 1-14　投影面垂直面三种位置形态投影图

这类平面投影的特性是，平面平行于投影面上的投影反映该平面的真实形状及大小，而在另外两个投影面上的投影积聚成与坐标轴平行的直线段。

③ 一般位置平面，指对三个投影面都处于倾斜位置的平面（图1-16）。

这类平面的投影特性是，在三个投影面上的投影，均为原平面的类似形，而且尺寸缩小不反映实形的形状。

总结，点、线、面的正投影在实际工作中应用非常广泛，不管是设计人员绘制图样，还是按图施工的制作者生产制件，都得遵守这个最基本的投影规律。如对被展体制件的展开，制作者就得遵照这个最基本的正投规律，在施工平面上进行放样制图，获取制件展开所需的各有关实长素线，就可画出被展制件合格的展开图样。

4. 体的构成要素

体的构成要素有点、线、面，而点是最基本的要素。并且各要素又有构成其本身的要素。

1）点的构成要素是其本身，点。

2）线的构成要素是点，它是由多个点积聚而成的。

3）面的构成要素是线，它是由多条线围合而成的。

4）体的构成要素是面，它是由多个面组合而成的。

5. 三视图

图1-17所示是五个不同形状的物体，而它们在投影面上的投影图像都是相同的，所以只有物体的一个投影是不能准确表达物体真实形状的。要反映物体的完整形状，必须从不同方向对物体投影，获得多个投影图像，才能把物体表达清楚。

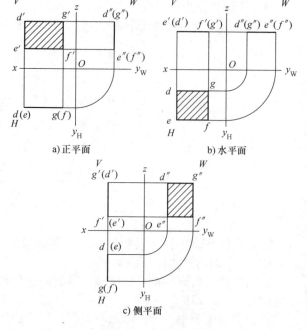

图 1-15 投影面平行面三种位置形态投影图

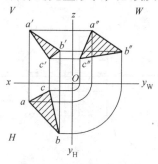

图 1-16 一般位置平面投影图

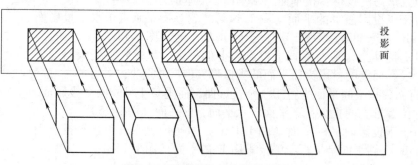

图 1-17 不同形状的物体投影图

（1）三视图的形成　假如把一个物体（去一角梯形块）放到三个相互垂直的平面所组成的投影体系中（图1-18），这时每个投影面就会出现一个各自方向的投影图。然后，再把投影体系的三个投影面展开成一个平面，平面上所呈现出这物体三个方向的投影图，就称为三视图（图1-19）。

（2）三视图的形成原理　在三视图形成投影体系中（图1-18）可以清楚地看出如下内容：

1）主视图是正对着被投物体从前向后投影，在正投影面 V 上呈现的影像所构成的图形，它表达了由前向后看到的物体表面形状。

2）俯视图是正对着被投物体从上向下投影，在水平投影面 H 上呈现的影像所构成的图形，它表达了由上向下看到的物体表面形状。

3）左视图是正对着被投物体从左向右投影，在侧投影面 W 上呈现的影像所构成的图形，它表达了由左向右看到的物体表面形状。

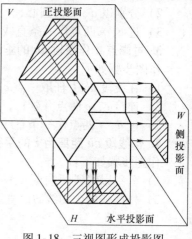

图 1-18　三视图形成投影图

（3）三视图之间的关系　在三视图（图1-19）中可以清楚地看出，正投影面 V 上呈现的主视图，能反映物体的长和高，不能反映物体的宽；水平投影面 H 上呈现的俯视图，能反映物体的长和宽，不能反映物体的高；侧投影面 W 上呈现的左视图，能反映物体的高和宽，不能反映物体的长。但从中还发现，每两视图之间有一共同点，即主视图和俯视图都同时反映物体的长；主视图和左视图都同时反映物体的高；俯视图和左视图都同时反映物体的宽。因此，三视图之间的关系，可用如下口诀概括：

1）主、俯视图长对正。

2）主、左视图高平齐。

3）俯、左视图宽相等。

三视图不但能比较完整地表达物体的真实形状、尺寸大小，而且构图简单、明了，因此，在工程上获得了广泛的应用。

二、几何作图基础画法

1. 作线段 ab 的垂直平分线（图1-20）

作图步骤如下：

1）分别以 a、b 为圆心，$r(r > ab/2)$ 为半径，在线段 ab 两边画弧交于 e、f 两点。

2）过 e、f 两点作一条直线，直线 ef 就是线段 ab 的垂直平分线。

2. 过线外已知点 c 作线段 ab 的垂线（图1-21）

作图步骤如下：

1）以 c 为圆心，$r(r = ca$，选 c 至 ab 线段距离近的端点）为半径，在线段 ab 上画弧得一交点 d。

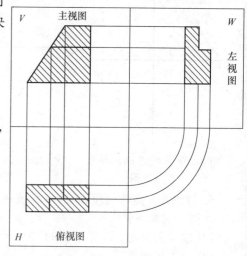

图 1-19　展开投影平面三视图

2）分别以 *a*、*d* 为圆心，*r* 为半径，在线段 *ab* 外 *c* 点的另一侧画弧，交于一点 *e*。

3）过 *c*、*e* 两点作一条直线，直线 *ce* 就是线段 *ab* 的垂线。

3. 过端点 *a* 作线段 *ab* 的垂线（图 1-22）

作图步骤如下：

1）在线段 *ab* 上任取一点 *c*，并分别以 *a*、*c* 为圆心，*r*（*r* = *ac*）为半径，在线段 *ab* 一侧画弧交于一点 *e*。

2）连接 *c*、*e* 两点并延长，以 *e* 为圆心，*r* 为半径画弧，与 *ce* 延长线交于一点 *f*。

3）过 *a*、*f* 两点作一条直线，直线 *af* 就是线段 *ab* 的垂线。

4. 作线段 *ab* 距离为 *r* 的平行线（图 1-23）

作图步骤如下：

1）分别以线段两端点 *a*、*b* 为圆心，距离 *r* 为半径，在线段 *ab* 同一侧画弧。

2）作两弧的公切线 *ef*，直线 *ef* 就是线段 *ab* 距离为 *r* 的平行线。

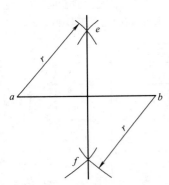 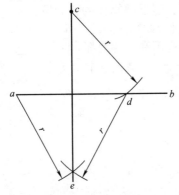 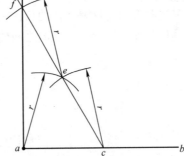 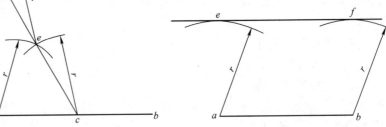

图 1-20　作线段 *ab* 的垂直　　　图 1-21　过线外已知点 *c* 作　　图 1-22　过端点 *a* 作线段 *ab* 的垂线图　　图 1-23　作线段 *ab* 距离为 *r* 的平行线图
　　　　　平分线图　　　　　　　　　　　线段 *ab* 的垂线图

5. 过线外 *e* 点作线段 *ab* 的平行线（图 1-24）

作图步骤如下：

1）以 *a* 为圆心，r_1（r_1 = *be*）为半径在线段 *e* 点同侧画弧。

2）以 *b* 为圆心，r_2（r_2 = *ae*）为半径在线段 *e* 点同侧画弧，两弧相交于 *f* 点。

3）过 *e*、*f* 两点作一条直线，直线 *ef* 就是线段 *ab* 的平行线。

6. 作 30°角（图 1-25）

作图步骤如下：

1）作一条直线，在直线上任取一点 O，以 O 为圆心，r 为半径（$r>0$）画半圆弧，交直线于 a、b 两点。

2）以 b 为圆心，r 为半径画弧，交半圆弧于 c 点。

3）连接 a、c 两点，$\angle cab$ 就是 30°角。

7. 作 45°角（图 1-26）

作图步骤如下：

1）以 O 为起点，作两条互相垂直的线。

2）以 O 为圆心，r 为半径（$r>0$）画弧，交直角两边于 a、b 两点。

3）分别以 a、b 两点为圆心，r 为半径画弧，两弧相交于 e 点。

4）连接 O、e 两点，$\angle eOa$ 就是 45°角。

8. 作 60°角（图 1-27）

作图步骤如下：

1）以 O 为起点画一条直线，并在直线上取一点 a。

2）分别以 O、a 为圆心，r（$r=Oa$）为半径画弧，两弧相交于 e 点。

3）连接 O、e 两点，$\angle eOa$ 就是 60°角。

9. 作直角四等分（图 1-28）

作图步骤如下：

1）以直角顶点 O 为圆心，r 为半径（$r>0$）画 1/4 圆弧，交直角两边于 a、b 两点。

2）分别以 a、b 为圆心，r 为半径画弧，两弧相交于 c 点。

3）连接 O、c，交 1/4 圆弧于 d 点。

4）分别以 a、d 为圆心，r 为半径画弧，两弧相交于 e 点。

5）分别以 b、d 为圆心，r 为半径画弧，两弧相交于 f 点。

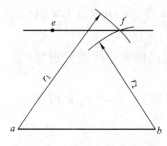
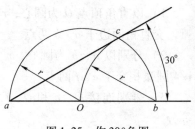

图 1-24 过线外 e 点作线段 ab 的平行线图

图 1-25 作 30°角图

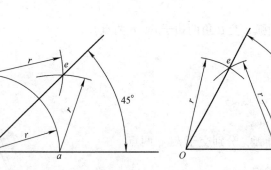

图 1-26 作 45°角图

图 1-27 作 60°角图

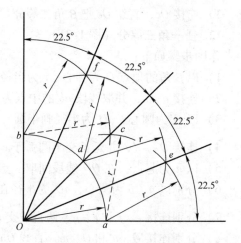

图 1-28 作直角四等分图

6）分别连接 O、e 和 O、f，直线 Oc、Oe、Of 把直角四等分。

10. 作直角三等分（图 1-29）

作图步骤如下：

1）以直角顶点 O 为圆心，r 为半径（r>0）画 1/4 圆弧，交直角两边于 a、b 两点。

2）分别以 a、b 为圆心，r 为半径画弧，两弧分别与 1/4 圆弧相交于 e、f 两点。

3）分别连接 O、e 和 O、f，直线 Oe 和 Of 把直角三等分。

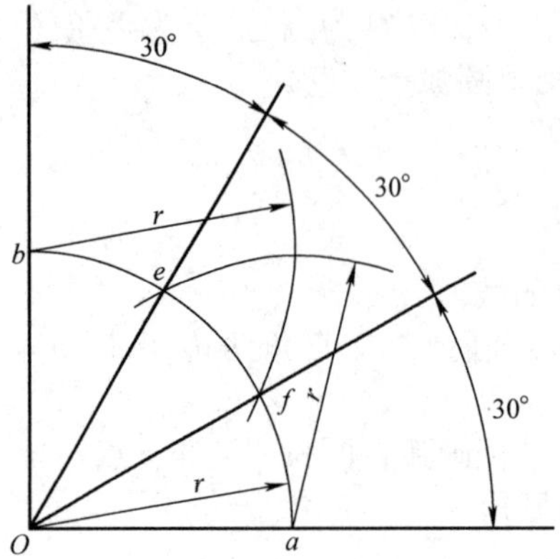

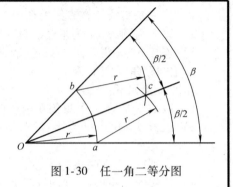

图 1-29　作直角三等分图

图 1-30　任一角二等分图

11. 任一角二等分（图 1-30）

作图步骤如下：

1）以 β 角的顶点 O 为圆心，r 为半径（r>0）画弧，交 β 角两边于 a、b 两点。

2）分别以 a、b 为圆心，r 为半径画弧，两弧相交于 c 点。

3）连接 Oc，直线 Oc 把 β 角二等分。

12. 任一角三等分（图 1-31）

作图步骤如下：

1）以 β 角的顶点 O 为圆心，r 为半径（r>0）画弧，交 β 角两边于 a、b 两点。

2）连接 a、b，并取线段 ab 的中点为 O'。

3）以 O' 为圆心，aO' 为半径画半圆。

4）连接 O、O'，并延长交半圆弧于 c 点，交 $\overset{\frown}{ab}$ 于 d 点。

5）以 d 为起点，在 OO' 线段间取一点 e，使 ed=ac。

6）分别以 a、b 为圆心，aO' 为半径在半圆弧上画弧，分别交于 f、g 两点。

7）分别连接 e、f 和 e、g，两直线交 $\overset{\frown}{ab}$ 于 m、n 两点。

8）分别连接 O、n 和 O、m，直线 On 和 Om 把 β 角三等分。

13. 作线段 ab 任意等分（图 1-32）

作图步骤（设作六等分）如下：

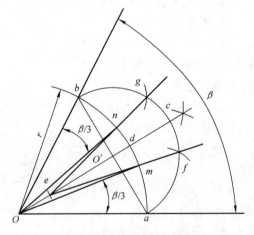

图 1-31　任一角三等分图

1）过 a 点画一直线 ac（$\angle cab < 90°$）。

2）以 a 为起点，在 ac 直线内依次截取 1~6 六个等分点，并连接 6、b。

3）分别以 5 至 1 各点为起点，作平行于线段 $6b$ 的一组平行线，分别交线段 ab 于 5′至 1′各点，即 1′~5′各点六等分线段 ab。

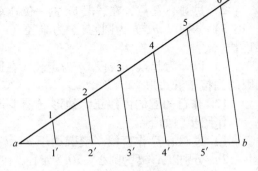

图 1-32　作线段 ab 任意等分图

14. 作已知圆的内接正三边形（图 1-33）

作图步骤如下：

1）过圆心 O 作直线，交圆周于 a、b 两点。

2）以 b 为圆心，bO 为半径，分别在 b 点两侧圆周上作弧，交圆周于 c、d 两点。

3）分别连接 a、c，c、d，d、a，三边形 acd 即为已知圆的内接正三边形。

15. 作已知圆的内接正四边形（图 1-34）

作图步骤如下：

1）过圆心 O 作直线，交圆周于 a、b 两点。

2）过圆心 O 作线段 ab 的垂直平分线，交圆周于 c、d 两点。

3）分别连接 a、d，d、b，b、c，c、a，四边形 $adbc$ 即为已知圆的内接正四边形。

16. 作已知圆的内接正五边形（图 1-35）

作图步骤如下：

1）过圆心 O 作直线，交圆周于 a、n 两点。

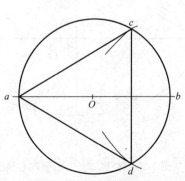

图 1-33　作已知圆的内接正三边形图

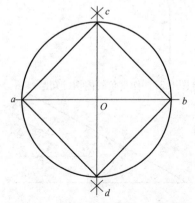

图 1-34　作已知圆的内接正四边形图

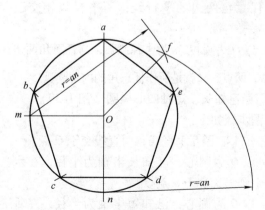

图 1-35　作已知圆的内接正五边形图

2）过圆心 O 点，在线段 an 的一侧作垂线，交圆周于 m 点。

3）分别以 m、n 为圆心，r 为半径（ $r = an$ ）画弧，两弧相交于 f 点，线段 Of 就是正五边形的边长。

4）以 a 为起点，线段 Of 为定长，在圆周上依次截取 b、c、d、e 各点，五边形 $abcde$ 即为已知圆的内接正五边形。

17. 作已知圆的内接正六边形（图 1-36）

作图步骤如下：

1）过圆心 O 作直线，交圆周于 a、d 两点。

2）分别以 a、d 为圆心，aO 为半径，在线段 ad 两侧圆周上分别画弧，交圆周于 b、c、e、f 四点。

3）连接 a、b，b、c，c、d，d、e，e、f，f、a，六边形 $abcdef$ 即为已知圆的内接正六边形。

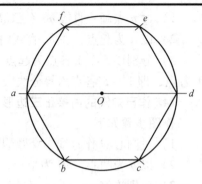

图 1-36　作已知圆的内接正六边形图

18. 作直角的内切已知圆弧（图 1-37）

作图步骤如下：

1）以直角顶点 O 为圆心，用已知圆弧半径 r 画弧，交直角两边于 a、b 两点。

2）分别以 a、b 为圆心，r 为半径画弧，两弧相交于 c 点。

3）以 c 为圆心，r 为半径画弧，交于 a、b 得到的弧就是所作直角的内切圆弧。

19. 作任意角的内切已知圆弧（图 1-38）

作图步骤如下：

1）在任意角内侧，以已知圆弧半径 r 为定距，作任意角两边的平行线，两平行线相交于 O 点。

2）以 O 为圆心，r 为半径画弧，与任意角两边相切 a、b 两点，$\overset{\frown}{ab}$ 就是所作任意角的内切圆弧。

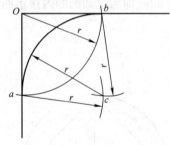

图 1-37　作直角的内切已知圆弧图

20. 画已知长、短轴四心椭圆（图 1-39）

作图步骤如下：

1）作十字形互垂直线，两直线交于 O 点。

2）以 O 为圆心，已知长半轴为半径，在水平直线上画弧，交于 a 点。

3）以 O 为圆心，已知短半轴为半径，在垂直直线上画弧，交于 b 点；并连接 a、b 两点。

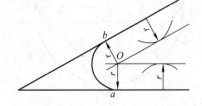

图 1-38　作任意角的内切已知圆弧图

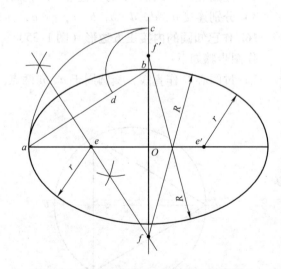

图 1-39　画已知长、短轴四心椭圆图

4）以 O 为圆心，Oa 为半径画弧，交 Ob 延长线于 c 点。

5）以 b 为圆心，cb 为半径画弧，交 ab 斜线于 d 点。

6）作 ad 线段的垂直平分线，交长半轴 aO 于 e 点，交短半轴 bO 延长线于 f 点。

7）在水平直线上截取对称点 e'，使 $Oe' = Oe$，在垂直直线上截取对称点 f'，使 $Of' = Of$。

8）分别以 e、e' 为圆心，r 为半径（$r = ea$）画弧，再分别以 f、f' 为圆心，R 为半径（$R = fb$）画弧，各相邻弧相接完整即为椭圆，四心椭圆是近似椭圆。

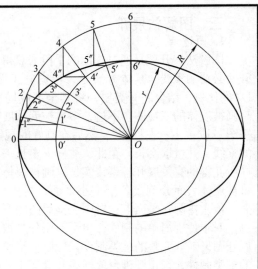

21. 画已知长短轴同心椭圆（图 1-40）

作图步骤如下：

1）作十字形互垂直线，两直线相交于 O 点。

2）以 O 为圆心，分别用长半轴 R 和短半轴 r 为半径，画外、内同心圆。

3）以 0 为起点在 1/4 外圆周上划分若干份（等分或非等分均可），若划分六份，就有 $0 \sim 6$ 七个点。

4）将外圆周上 $0 \sim 6$ 各点，分别与圆心 O 连接，则各线与内圆周对应相交 $0' \sim 6'$ 各点。

图 1-40 画已知长短轴同心椭圆图

5）过外圆周 $1 \sim 5$ 各点作垂线，过内圆周 $1' \sim 5'$ 各点作水平线，分别对应相交 $1'' \sim 5''$ 各点。

6）将 0、$1'' \sim 5''$、$6'$ 各点依次圆滑连成曲线，这曲线就是 1/4 椭圆弧。

7）其余 3/4 椭圆弧，按上述方法操作，即得完整椭圆，同心椭圆是标准椭圆。

22. 画已知基圆的渐开线（图 1-41）

作图步骤如下：

1）以已知半径 r 画基圆，并将圆周 n 等分（取 $n = 12$），则得到 $1 \sim 13$ 各点（13 点与 1 点重合）。

2）分别过 $1 \sim 13$ 各点作基圆的切线（注意顺时针或逆时针旋转方向）。

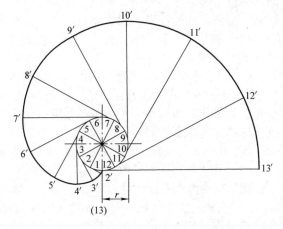

3）1 是原点，为渐开线的起点（1 点没有切线）。

4）以 2 为圆心，2 至 1 的距离为半径画弧，交 2 的切线于 $2'$。

5）以 3 为圆心，3 至 $2'$ 的距离为半径画弧，交 3 的切线于 $3'$，……直到以 13 为圆心，13 至 $12'$ 的距离为半径画弧，交 13 的切线于 $13'$，这样就完成了一轮的渐开线。若要继续，以此方法类推即可。

图 1-41 画已知基圆的渐开线图

三、图解法展开

1. 概述

图解法展开就是通过作图的手段来获得被展体作展开所需要的条件，这些条件多以几何图形的方式表现在放样图中，即被展体有关展开所必要的素线。具体方法是，根据施工图提供的被展体图形和尺寸，以1:1的比例，结合展开需要，将其全部或局部图形画在放样平台上。其实就是画被展体的三视图。不过，多数被展体展只需要两个视图，即"主、俯视图"或"主、左视图"，然后在画好的视图中，再画出被展体展开所需要的素线，并量取实长。至此，放样求实长工作就全部完成，最后就是根据放样所获得的有关展开各素线实长，画被展体展开图样。作展开图，其实就是将被展体表面分割成若干个小平面，再把这些能表现真实大小形状的小平面，依次拼画在平面上，拼画完整后的图形，就是该被展体的展开图样。不过，对于特别简单的制件，也可不用分割被展体表面，而直接得到所需要的展开图形。如完整的柱类制件，像圆柱形管放样展开（图1-42）；又如完整的锥类制件，像正圆锥台放样展开（图1-43）。

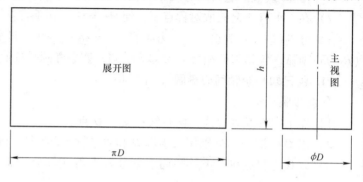

图 1-42　圆柱形管放样展开图

2. 板厚处理

板厚处理是展开放样中不可忽视的一道工序，因为钣金制件一般都具有一定的厚度，在放样中处理得当，不仅能保证展开图样的精度，而且最终能确保被展体成形准确度。由于钣金厚度的存在，各种形状的被展几何体就有内、外皮之分，棱形体就称为内口、外口，圆形体就称为内径、外径、中径。在放样中要考虑板厚处理的因素有多种，因素不同，板厚处理的方式也随之不同。大致有被展体几何形状、形态不同的因素，相贯体对接口坡口形式不同的因素，插入式相贯体等径与异径不同的因素三种情况。

（1）被展体几何形状、形态不同　被展体几何形状大致有棱柱形、棱锥形、圆柱形、圆锥形等。棱柱形、棱锥形应以管内口尺寸放样作展开。如矩形管截头的放样展开（图1-44），它的展开下料长度是管的4条内口边长之和。即 $L = 2(a + b - 4t)$（a、b 为管外口边长，t 为管壁厚度）。圆柱形、圆锥形应以管中径尺寸放样作展开。如圆管的放样展开（图1-45），它的展开下料周长是以管中径乘以 π。即 $L = \pi(D - t)$（D 为管外径，t 为管壁厚度）。锥体展开，还要考虑投影厚度的变化，而投影厚度的变化又是随锥体形态的变化而变化，则锥体底角变小，板的投影厚度也随之变小，因此锥体底角形态小于 60° 的，在作展开时，应考虑投影厚度，而不能用实际厚度，这样才能保证被展体的准确度。如圆锥顶盖的放样展开（图1-46），它的锥口展开下料弧长是以锥口投影中径乘以 π，即 $S = \pi(D - t)$（D 为锥口外径，t 为锥壁投影厚度，T 为锥壁实际厚度）。

（2）相贯体对接坡口形式不同　坡口形式一般有三种：不作坡口；X 形坡口；V 形坡口。坡口形式不同，板厚处理方法也就不同，以下以圆管弯头为例进行介绍。

1）弯头对接不作坡口时，在弯头的外角弯两管是内口接触，而弯头的内角弯两管则是外口接触，这就要求在作放样时，弯头的外弯部位以内径作为放样图的轮廓线，弯头的内弯部位应以外径作为放样图的轮廓线。否则，会产生厚度干涉现象，弯头组对起来中间有缝，而且弯头弯曲角度也会发生偏差（图1-47a）。

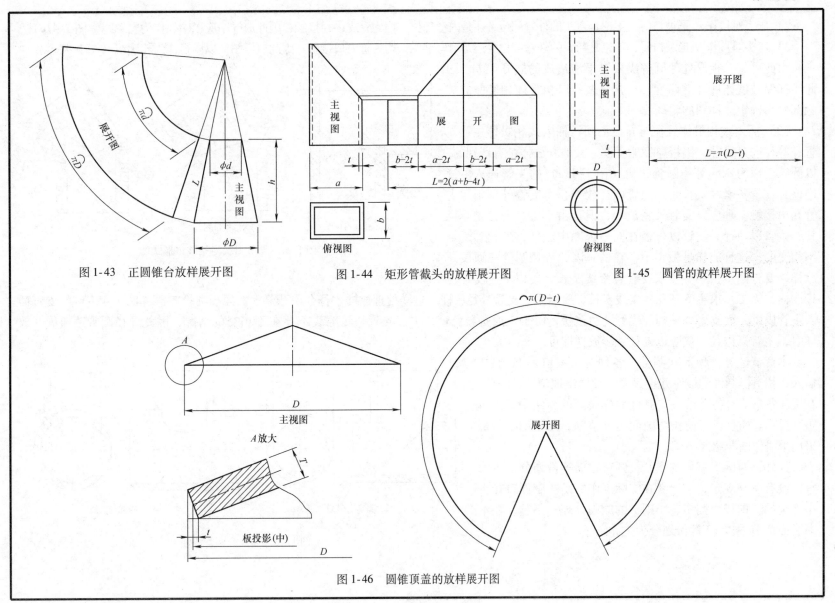

图 1-43　正圆锥台放样展开图

图 1-44　矩形管截头的放样展开图

图 1-45　圆管的放样展开图

图 1-46　圆锥顶盖的放样展开图

2）弯头对接作 X 形坡口时，不论是弯头的外弯部位，还是内弯部位，均为管皮中径接触，因此放样图应以中径作为轮廓线（图 1-47b）。

3）弯头对接作 V 形坡口时，不论是弯头的外弯部位，还是内弯部位，均为管内口接触，因此放样图应以内径作为轮廓线（图 1-47c）。

由此可见，板厚处理可解决板厚干涉造成的展开误差，因此为确保被展体展开准确度，首先要做到以相贯体相交时的接触部位来确定放样图的轮廓线。

（3）插入式相贯体等径与异径不同　插入式相贯体主、支管是等径或是异径，因板厚度的干涉，其展开放样是有区别的。以圆管三通为例，等径圆管三通（图 1-48a）的支管插入主管内壁，支管各素线实长是以主管内径放样，而支管外壁则与主管孔边接触，理应以支管外径放样，但是由于主、支管是等径管，主管以内径、支管以外径在同一视图中放样，外轮廓线是不相交的，这种放样是根本不存在的。因此等径圆管三通展开放样，要分两步：第一步求支管各素线实长，要以主、支管内径放样；第二步求主管开孔各素线实长，要以主、支管外径放样，这样处理放样才符合展开要求。异径圆管三通（图 1-48b）的支管插入主管内壁，而支管外壁则与主管孔边接触，由于三通是异径管，主、支管外轮廓线不存在不相交的情况，因此异径圆管三通展开放样时，主管以内径、支管以外径一步放样即可。

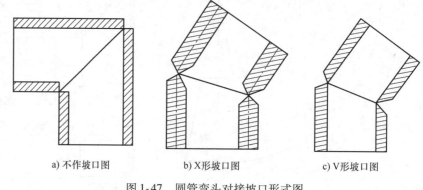

a) 不作坡口图　　b) X 形坡口图　　c) V 形坡口图

图 1-47　圆管弯头对接坡口形式图

本章节已对各种形状制件、各种对接坡口形态制件、插入式相贯体制件的板厚处理都做了较详细地阐述，因此，在后面各章节对各类被展体制件放样展开的介绍中，不再重复提示。而且，为使作图图面更加清晰、简单明了，都采用单线作图介绍。

另外，对圆形制件的展开，圆口圆周等份划分多少为宜，没有明确规定，生产者在实际工作中是按制件口径大小确定的，即按大则多、小则少的原则办理。不过，在本书后面章节中以 12 等份划分为主介绍。

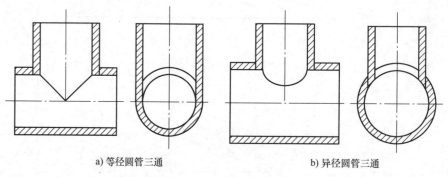

a) 等径圆管三通　　　　　　　　b) 异径圆管三通

图 1-48　插入式圆管三通

第二章　平行线展开法展开

　　平行线展开法是指被展体的展开图是由一组有各自长度的、有一定间距的平行线而构成的。这种展开方法适用于形体表面素线互相平行的制件，如各种棱柱体、圆柱体制件，其素线把曲面分割成若干个真实的、能反映形状和尺寸的矩形或梯形平面。用平行线展开法作展开图必须画出"主、俯视图"或将相贯体画出"主、左视图"作为放样图（可用局部俯视图或局部左视图）。若被展体是相贯体，不但要画出各条素线，还要用正投影原理找出各素线接合点，画出相贯线。不过，相贯线还具有两种形态，即直线、曲线两种，而这两种形态的相贯线是基于圆形相贯体管径同异而定，同径是直线可在主视图中直接画出，而异径则是曲线，结合主、左视图以点正投影原理获得。放样图的特性是，主视图上各基本素线均能反映实长，而俯视图中则只能反映各素线之间的真实距离。

一、两节等径圆管直角弯头（图 2-1）展开

1. 已知条件（图 2-2）

　　已知尺寸 r、R，求作展开图。

2. 作放样图（图 2-2 中的主视图）

　　设圆管圆周分为 12 等份。

　　1）用已知尺寸，以 1:1 的比例在放样平台上，按施工图提供的被展体图样画出主视图，并在主视图弯头一圆管端口作 1/2 截面图半圆弧（其就是半圆管截面图）。

　　2）6 等分圆管截面图半圆周，以弯头内弯处为基点对各等分点编号 0~6，圆周每等分段弧长用字母 S 表示。

　　3）过半圆周各等分点向上引与圆管中轴线平行的素线，同两圆管的接合口相贯线分别对应相交 $0'$~$6'$各点。

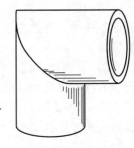

图 2-1　立体图

3. 作展开图（图 2-2 中的弯头圆管展开图）

　　1）在主视图圆管端口左侧延伸一条直线，并在这条直线上截取 3、3（圆管破开处）两点，使其间距为 $2\pi r$，同时 12 等分这条线段，编号按主视图排列顺序 3~3~3 共 13 点，再过各等分点向上作一组与圆管中轴线平行的素线，使各条素线略长于各自对应的放样实长。

　　2）分别过主视图两圆管接合口相贯线 $0'$~$6'$各点，向左侧画平行于圆管端口延伸线的平行线与素线对应相交于 $3''$~$3''$~$3''$各点，曲线连接 $3''$~$3''$~$3''$各点所构成的图形即为所求被展体弯头一节圆管展开图。组成弯头的圆管共两节，而且形状及尺寸均一样，因此，该展开图样下料共两件。

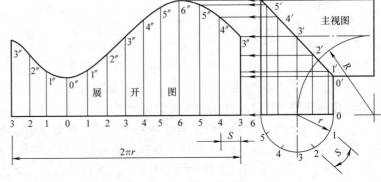

图 2-2　放样展开图

二、两节等口方管角向直角弯头（图2-3）展开

1. 已知条件（图2-4）

已知尺寸 a、h，求作展开图。

2. 作放样图（图2-4 中的主视图）

1）用已知尺寸，以1∶1 比例在放样平台上，按施工图提供的被展体图样画出主视图，并在主视图弯头一方管端口作1/2 截面图直角三角形。

2）对方管端口作1/2 截面图，三个棱角点编号1、2、3，再对弯头两节方管接合口相贯线与方管棱线相交各点对应编号1′、2′、3′。

图2-3 立体图

3. 作展开图（图2-4 中的弯头方管展开图）

1）在主视图弯头方管端口左侧延伸一条直线，并在这条直线上截取1、1 两点，使其间距为4a，同时，4 等分这条线段，并按主视图各点排列顺序编号1～3～1，然后，过各点向上作一组与方管棱线平行的素线，使各条素线略长于各自对应的放样实长。

2）分别过主视图弯头两节方管接合口相贯线1′～3′各点，向左侧画平行于方管端口延伸线的平行线与素线对应相交于1″～3″～1″各点，直线连接1″～3″～1″各点所构成的图形即为所求被展体弯头一节方管展开图。因为组成弯头的方管有两节，而且形状及尺寸均一样，因此，该展开图样下料共两件。

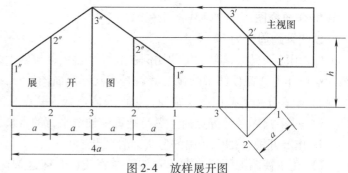

图2-4 放样展开图

三、两节等口方管面向直角弯头（图2-5）展开

1. 已知条件（图2-6）

已知尺寸 a、b、h，求作展开图。

2. 作放样图（图2-6 中的主视图及管口截面图）

1）用已知尺寸，以1∶1 比例在放样平台上，按施工图提供的被展体图样画出主视图及管口截面图长方形。

2）对弯头管口棱角点编号1、2，并在对应的弯头两节方管接合口相贯线两端点编号1′、2′。

3. 作展开图（图2-6 中的弯头方管展开图）

1）在主视图弯头方管端口左侧延伸一条直线，并在这条直线上截取1、1 两点，使其间距为2$(a+b)$，同时，对这条线段按 a、b、a、b 顺序及各自对应的尺寸分为四份，共有5 个点，并按主视图排列顺序编号1～2～1 各点，然后，再过各点向上作一组与方管棱线平行的素线，使各条素线略长于各自对应的放样实长。

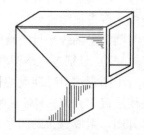

图2-5 立体图

2）分别过主视图弯头两节方管接合口相贯线 1′、2′点，向左侧画平行于方管端口延伸线的平行线，与素线对应相交于 1″~2″~1″各点，然后，直线连接 1″~2″~1″各点所构成的图形即为所求被展开体弯头一节方管展开图。组成弯头的方管共两节，而且形状及尺寸均一样，因此，该展开图样下料共两件。

四、三节等径圆管直角蛇形弯头（图2-7）展开

1. 已知条件（图2-8）

已知尺寸 r、P、h，求作展开图。

2. 作放样图（图2-8中的主视图）

设弯头圆管圆周分为12等份。

1）用已知尺寸，以1∶1比例在放样平台上，按施工图提供的被展体图样画出主视图，并在主视图弯头端节圆管口作1/2截面图半圆弧。

2）6等分圆管截面图半圆周，并对各等分点依序编号 0~6。圆周每等分段弧长用字母 S 表示。

3）过半圆周各等分点向下引垂线，与弯头端、中两节圆管接合口相贯线相交于 0′~6′各点，又过 0′~6′各点向右作水平线，与弯头另一端、中、两节圆管接合口相贯线相交于 0′~6′各点。

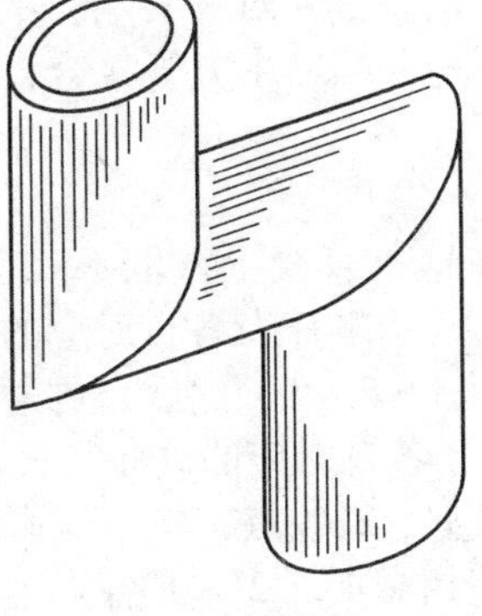

3. 作展开图（图2-8中的端节、中节展开图）

1）在主视图上端节管口边向左侧延伸一条直线，并在这条直线上截取 0、0 两点，使其间距为 $2\pi r$，同时，12等分这条线段，并按主视图排列顺序编号 0~6~0 各点，再分别过各点向下引垂线，作一组与端节管中轴线平行的素线，使各条素线略长于各自对应的放样实长。

2）分别过主视图端、中节圆管接合口相贯线 0′~6′各点，向左侧画平行于圆管端口延伸线的平行线（水平线），与素线对应相交 0″~6″~0″各点，再用曲线连接 0″~6″~0″各点所构成的图形，即为所求被展体弯头端节圆管展开图。弯头端节圆管共两节，而且形状及尺寸均一样，因此，此展开图样下料共两件。

3）在主视图弯头中节右侧相贯线端，过 0′点作一条垂直于中节圆管中轴线的直线，并在这条直线上截取 0、0 两点，使其间距为 $2\pi r$，同时，12等分这条线段，并按主视图排列顺序编号 0~6~0 各点，再分别过各点向左侧引水平线，作一组平行于中节管中轴线的素线，使各条素线略长于各自对应的放样实长。

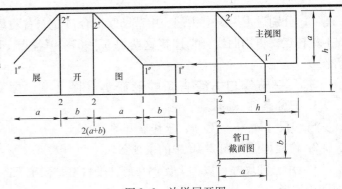

图2-6 放样展开图

图2-7 立体图

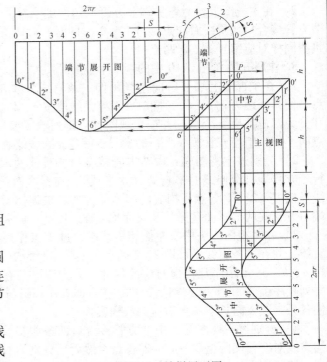

图2-8 放样展开图

4）分别过主视图弯头端、中节圆管接合口左、右两条相贯线 0′～6′ 各点，向下引垂线与素线对应相交两组 0″～6″～0″ 各点，再用曲线分别连接这两组 0″～6″～0″ 各点，连接完后所构成的图形，即为所求被展体弯头中节圆管展开图。

五、三节等口方管直角蛇形弯头（图 2-9）展开

1. 已知条件（图 2-10）

已知尺寸 a、b、P、h，求作展开图。

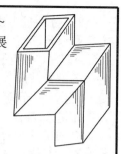

图 2-9 立体图

2. 作放样图（图 2-10 中的主视图）

1）用已知尺寸，以 1∶1 比例在放样平台上，按施工图提供的被展体图样画出主视图，以及主视图弯头方管端口截面图长方形。

2）在主视图上，对弯头端节方管口边两端点编号 1、2，并对弯头端、中两节方管接合口相贯线对应点编号 1′、2′，同时，对弯头另一端、中方管接合口相贯线同样对应编号 1′、2′ 两点。

3. 作展开图（图 2-10 中的端、中节展开图）

1）在主视图上端节口向左侧延伸一条直线，并在这条直线上截取 1、1 两点，使其间距为 $2(a+b)$，同时，对这条线段按 a、b、a、b 顺序及各自对应的尺寸分为四份共有 5 个点，并按主视图各点排列顺序编号 1～2～1，然后，再过各点向下作一组与方管棱线平行的素线，使各条素线略长于各自对应的放样实长。

2）分别过主视图端、中节方管接合口相贯线两端 1′、2′ 各点，向左侧画平行于方管端口延伸线的平行线（水平线），与素线对应相交 1″～2″～1″ 各点，直线连接 1″～2″～1″ 各点所构成的图形即为所求被展体弯头端节方管展开图，弯头端节方管共两节，而且形状及尺寸均一样，因此，此展开图样下料共两件。

3）在主视图弯头中节左侧相贯线端，过 2′ 点作一条垂直于中节方管棱线的直线，并在这条直线上截取 2、2 两点，使其间距为 $2(a+b)$，同时，对这条线段按 a、b、a、b 顺序及各自对应的尺寸，分为四份共有 5 个点，并按主视图各点排列顺序编号 2～1～2，然后，再过各点向右作一组与中节方管棱线平行的素线，使各条素线要略长于各自对应的放样实长。

4）分别过主视图端、中节方管接合口两条相贯线 1′、2′ 各点，向下引垂线与素线对应相交两组 2″～1″～2″ 各点，然后，分别直线连接这两组 2″～1″～2″ 各点，连接完后所构成的图形即为所求被展体弯头中节方管展开图。

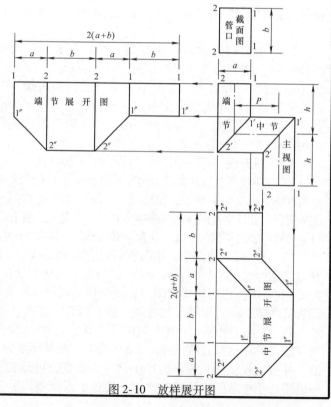

图 2-10 放样展开图

六、三节等径圆管钝角蛇形弯头（图2-11）展开

1. 已知条件（图2-12）

已知尺寸 r、P、h、g，求作展开图。

2. 作放样图（图2-12 中的主视图）

设弯头圆管圆周分为 12 等份。

1）用已知尺寸，以 1:1 比例在放样平台上，按施工图提供的被展体图样画出主视图，并在主视图弯头端节圆管口作 1/2 截面半圆弧。

2）6 等分圆管截面图半圆周，并对各等分点依序编号 0～6，圆周每等分段弧长用字母 S 表示。

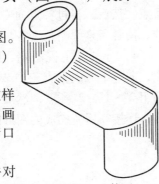

图 2-11　立体图

3）过半圆周各等分点，向下引垂线，与弯头端、中两节圆管接合口相贯线相交于 0′～6′各点，又过 0′～6′各点向右作平行于中节圆管中轴线的平行线，与弯头另一端、中两节圆管接合口相贯线相交于 0′～6′各点。

3. 作展开图（图2-12 中的端节、中节展开图）

1）在主视图上端节管口边向左侧延伸一条直线，并在这条直线上截取 0、0 两点，使其间距为 $2\pi r$，同时，12 等分这条线段，并按主视图排列顺序编号 0～6～0 各点，再分别过各点向下引垂线，作一组与端节管中轴线平行的素线，使各条素线略长于各自对应的放样实长。

2）分别过主视图端、中节圆管接合口相贯线 0′～6′各点，向左侧画平行于圆管端口延伸线的平行线（水平线），与素线对应相交 0″～6″～0″各点，再用曲线连接 0″～6″～0″各点所构成的图形，即为所求被展体弯头端节圆管展开图。弯头端节圆管共两节，而且形状及尺寸均一样，因此，此展开图样下料共两件。

3）在主视图弯头中节右侧相贯线端，过 0′点作一条垂直于中节圆管中轴线的直线，并在这条直线上截取 0、0 两点，使其间距为 $2\pi r$，同时，12 等分这条线段，并按主视图排列顺序编号 0～

6～0 各点，再分别过各点向左上方作一组平行于弯头中节管中轴线的素线，使各条素线略长于各自对应的放样实长。

4）分别过主视图弯头端、中节圆管接合口左、右两条相贯线 0′～6′各点，向左下方引垂直于中节圆管中轴线的平行线，与素线对应相交两组 0′～6′～0″各点，再分别用曲线连接这两组 0′～6′～0″各点，连接完后所构成的图形即为所求被展体弯头中节圆管展开图。

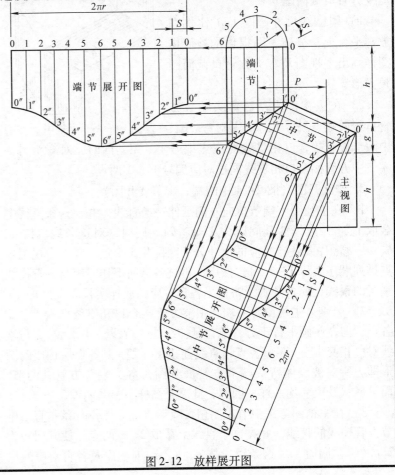

图 2-12　放样展开图

七、三节等口方管钝角蛇形弯头（图2-13）展开

1. 已知条件（图2-14）

已知尺寸 a、b、P、g、h，求作展开图。

2. 作放样图（图2-14中的主视图及方管口截面图）

1）用已知尺寸，以1:1比例在放样平台上，按施工图提供的被展体图样画出主视图及弯头方管口截面图长方形。

2）在主视图上，对弯头端节方管口边两端点编号1、2，并对弯头端、中两节方管接合口相贯线对应点编号 1′、2′，同时，对弯头另一端、中方管接合口相贯线同样对应编号 1′、2′两点。

图2-13 立体图

3. 作展开图（图2-14中的端、中节展开图）

1）在主视图上端节口向左侧延伸一条直线，并在这条直线上截取1、1两点，使其间距为 $2(a+b)$，同时，对这条线段按 a、b、a、b 顺序及各自对应的尺寸分为四份共5个点，并按主视图各点排列顺序编号 1~2~1，然后，再过各点向下作一组与方管棱线平行的素线，使各条素线略长于各自对应的放样实长。

2）分别过主视图弯头端、中节方管接合口相贯线两端 1′、2′各点，向左侧画平行于方管端口延伸线的平行线（水平线），与素线对应相交 1″~2″~1″各点，直线连接 1″~2″~1″各点所构成的图形即为所求被展体弯头端节方管展开图，弯头端节方管共两节，而且形状及尺寸均一样，因此，此展开图样下料共两件。

3）在主视图弯头中节左侧相贯线端，过 2′点作一条垂直于中节方管棱线的直线，并在这条直线上截取2、2两点，使其间距为 $2(a+b)$，同时，对这条线段按 a、b、a、b 顺序及各自对应的尺寸，分为四份共有5个点，并按主视图各点排列顺序编号2~1~2各点，然后，再过各点向右下方作一组与中节方管棱线平行的素线，使各条素线略长于各自对应的放样实长。

4）分别过主视图端、中节方管接合口两条相贯线 1′、2′各点，向左下方引垂直于中节方管棱线的平行线，与素线对应相交两组 2″~1″~2″各点，然后，分别直线连接这两组 2″~1″~2″各点，连接完后所构成的图形即为所求被展体弯头中节方管展开图。

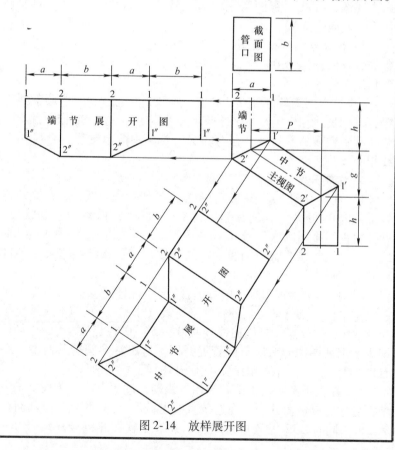

图2-14 放样展开图

八、管口 90°转向三节方管直角弯头（图2-15）展开

1. 已知条件（图2-16）

已知尺寸 a、b、J_1、J_2、J_3、h_1、h_2、h_3，求作展开图。

2. 作放样图（图2-16 中的主视图及俯视图）

1）用已知尺寸，以 1:1 比例在放样平台上，按施工图提供的被展体图样画出主视图，以及相对应的俯视图。

2）在主视图上，对弯头上节方管口边两端点编号1、2，并对弯头上、中两节方管对接口相贯线对应点编号 $1'$、$2'$，方管对接口相贯线用字母 c 表示。

3）在主视图上，对弯头下节方管口边两端编号3、4，并对弯头下、中两节方管对接口相贯线对应点编号 $3'$、$4'$，方管对接口相贯线用字母 d 表示。

4）弯头中节较特殊，是锥形方管，为作展开创造条件，需完善俯视图有关线段。

① 俯视图中，弯头中节顶面梯形板编号 $1'$、$3'$ 对角用虚线连接，该对角线用字母 L 表示。

② 俯视图中，弯头中节侧面板编号 $1'$、$4'$ 对角用虚线连接，该对角线用字母 e 表示。

③ 俯视图中，弯头顶、侧两板接合线，用字母 f 表示。

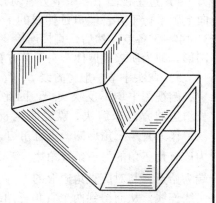

图2-15 立体图

5）根据第一章所介绍的直线投影特性，对照主、俯视图弯头中节有关直线段做如下分析：

① 弯头上、中两节方管对接口相贯线 c 属正平线，其长度在俯视图中是缩短了的直线段，而在主视图中反映实长。

② 弯头下、中两节方管对接口相贯线 d 属正平线，其长度在俯视图中是缩短了的直线段，而在主视图中反映实长。

③ 弯头中节底面梯形板中线 g 属正平线，其长度在俯视图中是缩短了的直线段，而在主视图中反映实长。

④ 直线段 a、b 属正垂线，又属正平线其长度在主、俯视图中均反映实长。

⑤ 弯头中节顶面梯形板对角线 L，侧面板对角线 e，以及顶、侧两板接合线 f，均属一般位置线，其长度在主、俯视图中均不反映实长，需要通过作放样图获得。

3. 作展开图（图2-16 中的弯头上、中、下方管展开图）

1）在主视图上节方管端口左侧延伸一条直线，并在这条直线上截取1、1两点，使其间距为 $2(a+b)$。同时，对这条线段按 a、b、a、b 顺序及各自所对应的尺寸分为四份，共有 5 个点，并按主视图各点排列顺序编号 $1\sim2\sim1$，然后，再过各点向下作一组与方管棱线平行的素线，使各条素线略长于各自对应的放样实长。

2）过主视图上、中节方管对接口相贯线 $1'$、$2'$ 各点，向左侧画平行于方管端口延伸线的平行线，与素线对应相交 $1''\sim2''\sim1''$ 各点，直线连接 $1''\sim2''\sim1''$ 各点所构成的图形即为所求被展体弯头上节方管展开图。

3）在主视图下节方管端口向上延伸一条直线，并在这条直线上截取3、3两点，使其间距为 $2(a+b)$，同时，对这条线段按 a、b、a、b 顺序及各自所对应的尺寸分为四份，共有 5 个点，并按主视图各点排列顺序编号 $3\sim4\sim3$，然后，再过各点向左侧作一组与方管棱线平行的素线，使各条素线略长于各自对应的放样实长。

4）过主视图下、中节方管对接口相贯线 3′、4′各点，向上画平行于方管端口延伸线的平行线，与素线对应相交 3″~4″~3″各点，然后，直接连接 3″~4″~3″各点所构成的图形，即为所求被展体弯头下节方管展开图。

5）弯头中节一般位置线 L、f、e 各直线段，其长度在主、俯视图中均不反映实长，因此，采用直角三角形求实长斜边的方法来解决，就是将俯视图中的 L、f 两条直线段，作为直角三角形的一条直角边，再将垂高 h_3 直线段作为该直角三角的另一条直角边，然后，以 h_3 所在直角边的端为始点，与对应直角边上的 L、f 各端点分别用虚线、细实线连线，从而得到两个直角三角形，则斜边 $L′$ 和 $f′$ 即为所求实长。另外，将俯视图中的 e 直线段作为直角三角形的一条直角边，再将垂高（$b+h_3$）直线段作为该直角三角形的另一条直角边，然后，用虚线连接两直角边端点，从而得到一个直角三角形，则斜边 $e′$ 即为所求实长，如主视图右侧放样图所示。

6）过主视图弯头中节底面中线 g 直线段两端 2′、4′点，向左下方作两条与 g 直线段垂直的平行线，然后，在这两条平行线的适当位置，作一条平行于主视图 g 直线段的直线，交平行线两点得到一条线段，这条线段就是弯头中节底面中线 g，再以这条线段两端为基点，分别以 $b/2$、$a/2$ 为间距，在各自两侧分别截取 2″、2″ 和 4″、4″ 各点，然后，直线连接两侧 2″、4″ 各点所构成的梯形图，就是弯头中节底面展开图形。

7）按照俯视图上弯头中节 a、b、c、d、e、f、L 各直线段所形成的三角形分布规律，及各自所在位置，用求得的 $e′$、$f′$、$L′$ 各实长直线段，替换俯视图中的 e、f、L 各直线段。最后，将替换后的新三角形依次有序地拼画在已作弯头中节底面梯形图两侧，全部拼画完成后所构成的图形，即为所求被展体弯头中节展开图。

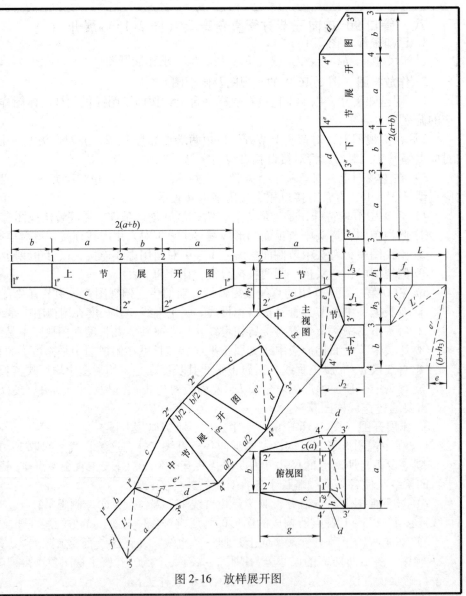

图 2-16　放样展开图

九、等径圆管直交三通（图2-17）展开

1. 已知条件（图2-18）

已知尺寸 r、h、L，求作展开图。

2. 作放样图（图2-18中的主视图）

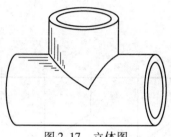

图2-17 立体图

设支管圆周分为12等份。

1）用已知尺寸以 1:1 比例在放样平台上，按施工图提供的被展体图样画出主视图，并在主视图圆支管端口作1/2截面图半圆弧（其就是半圆管截面图）。

2）3等分支管截面图1/2半圆周，并对各等分点依序编号 0~3，另1/2半圆周也同样对应编号。圆周每等分段弧长用字母 S 表示。

3）过半圆周各等分点向下引与支管中轴线平行的素线，同主、支管相贯线分别对应相交 0'~3'各点。

3. 作展开图（图2-18中的主、支管展开图）

1）在主视图支管端口左侧延伸一条直线，并在这条直线截取 0、0两点，使其间距为 $2\pi r$，同时12等分这条线段，编号按主视图排列顺序 0~0~0各点，再分别过各点向下作一组与支管中轴线平行的素线，使各条素线略长于各自对应的放样实长。

2）分别过主视图主、支管相贯线 0'~3'各点，向左侧画平行于支管端口延伸线的平行线，与其素线对应相交 0"~0"~0"各点，曲线连接 0"~0"~0"各点所构成的图形即为所求被展体三通支管展开图。

3）在主视图主管正下方作一个长为 $2\pi r$、宽为 L 且平行于主视图主管的矩形，并在这矩形图中画出平行于主管轴线的中线，同时以 S 弧长为间距，在中线两侧画平行线，从而得到主管相贯

孔7条横向基本素线。

4）分别过放样主视图相贯线 0'~3'各点向下引垂线，与主管各横向素线对应相交于 0"~3"~0"各点，曲线连接 0"~3"~0"各点所构成的图形即为所求被展体三通主管开孔展开图，而矩形图则为主管展开图。

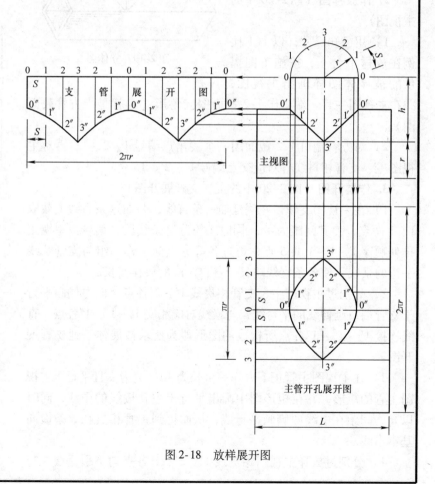

图2-18 放样展开图

十、等口方管直交三通（图 2-19）展开

1. 已知条件（图 2-20）

已知尺寸 a、h、L，求作展开图。

2. 作放样图（图 2-20 中的主视图）

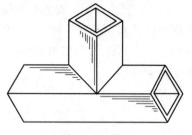

图 2-19　立体图

1）用已知尺寸，以 1:1 比例在放样平台上，按施工图提供的被展体图样画出主视图，并在主视图主管一端口作 1/2 截面图三角形（其就是半方管截面图）。

2）对方管端口 1/2 截面图三个棱角点编号 1、2、1，再对主视图主、支管相贯线各对应交点编号 1′、2′、1′。

3. 作展开图（图 2-20 中的主、支管展开图）

1）在主视图支管口左侧延伸一条直线，并在这条直线上截取 1、1 两点，使其间距为 4a，同时 4 等分这条线段，编号按主视图排列顺序 1~1~1 共 5 点，再过各等分点向下作一组与支管棱线平行的素线，使各条素线略长于各自对应的放样实长。

2）分别过主视图主、支管相贯线 1′、2′ 各点，向左侧画平行于支管端口延伸线的平行线，与素线对应相交 1″~1″~1″ 各点，直线连接 1″~1″~1″ 各点所构成的图形即为所求被展体三通支管展开图。

3）在主视图主管正下方作一个长为 4a、宽为 L 且平行于主视图主管的矩形，并在矩形图中画出平行于主管棱线的中线，同时以 a 为间距在中线两侧画平行线，从而得到主管相贯孔 3 条横向基本素线。

4）分别过放样主视图相贯线 1′、2′、1′ 各点向下引垂线，与

主管各横向素线对应相交 1″、2″、1″、2″ 四点，直线连接 1″、2″、1″、2″ 这四点所构成的图形即为所求被展体三通主管开孔展开图，而矩形图就是主管展开图。

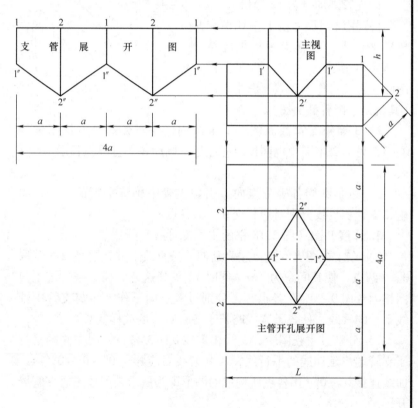

图 2-20　放样展开图

十一、等径圆管斜交三通（图 2-21）展开

1. 已知条件（图 2-22）

已知尺寸 r、h、L、β、P，求作展开图。

2. 作放样图（图 2-22 中的主视图）

设圆管圆周分为 12 等份。

1）用已知尺寸，以 1:1 比例在放样平台上，按施工图提供的被展体图样画出主视图，并在主视图支管端口作 1/2 截面图半圆弧（其就是半圆管截面图）。

2）6 等分支管截面半圆周，并对各等分点依序编号 0～6。圆周每等分段弧长用字母 S 表示。

3）过半圆周各等分点向左下方引与支管中轴线平行的素线，同主、支管相贯线对应相交 0′～6′各点。

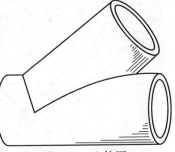

图 2-21　立体图

3. 作展开图（图 2-22 中的支、主展开图）

1）在主视图支管端口左上侧延伸一条直线，并在这条直线上截取 0、0 两点使其间距为 $2\pi r$，同时，12 等分这条线段，编号按主视图排列顺序 0～6～0 共 13 点，再分别过这 13 点向左下方作一组与支管中轴线平行的素线，使各条素线略长于各自对应的放样实长。

2）分别过主视图主、支管相贯线 0′～6′各点向左上方画平行于支管端口延伸线的平行线，与素线对应相交 0″～6″～0″各点，曲线连接 0″～6″～0″各点所构成的图形即为所求被展体三通支管展开图。

3）在主视图主管正下方作一个长为 $2\pi r$、宽为 L 且平行于主视图主管的矩形，并在这矩形图中画出平行于主管中轴线的中线，同时以 S 弧长为间距在中线两侧画平行线，从而得到主管相贯孔 7 条横向基本素线。其 3、3 两点间距为 πr。

4）分别过放样主视图相贯线 0′～6′各点向下引垂线，与主管各横向素线对应相交 3″～0″～3″和 3″～6″～3″各点，曲线连接 3″～0″～3″和 3″～6″～3″各点所构成的图形即为所求被展体三通主管开孔展开图，而矩形图则为主管展开图。

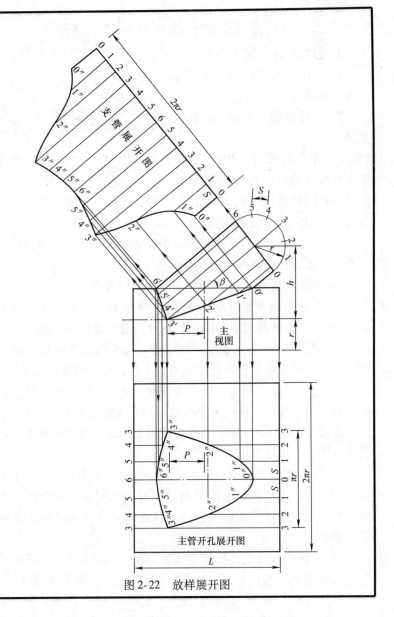

图 2-22　放样展开图

十二、等口方管斜交三通（图2-23）展开

1. 已知条件（图2-24）

已知尺寸 a、h、L、β、P，求作展开图。

2. 作放样图（图2-24 中的主视图）

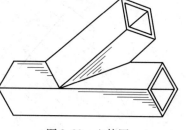

图 2-23　立体图

1）用已知尺寸，以 1∶1 比例在放样平台上，按施工图提供的被展体图样画出主视图，并在主视图支管端口作 1/2 截面图三角形（其就是半方管截面图）。

2）对方管端口 1/2 截面图三个棱角点编号 1、2、3，再对主视图主、支管相贯线各对应交点编号 1′、2′、3′。

3. 作展开图（图2-24 中的支、主管展开图）

1）在主视图支管口左上侧延伸一条直线，并在这条直线上截取 1、1 两点，使其间距为 4a，同时 4 等分这条线段，编号按主视图排列顺序 1～3～1 共 5 点，再过各等分点向左下方作一组与支管棱线平行的素线，使各条素线略长于各自对应的放样实长。

2）分别过主视图主、支管相贯线 1′、2′、3′各点，向左上方画平行于支管端口延伸线的平行线，与素线对应相交 1″～3″～1″各点，直线连接 1″～3″～1″各点所构成的图形即为所求被展体三通支管展开图。

3）在主视图主管正下方作一个长为 4a、宽为 L 且平行于主视图主管的矩形，并在矩形图中画出平行于主管棱线的中线，同时以 a 为间距在中线两侧画平行线，从而得到主管相贯孔 3 条横向基本素线。

4）分别过放样主视图相贯线 1′、2′、3′各点向下引垂线，与主管各横向素线对应相交 1″、2″、3″、2″四点，直线连接 1″、2″、

3″、2″这四点所构成的图形即为所求被展体三通主管开孔展开图，而矩形图则为主管展开图。

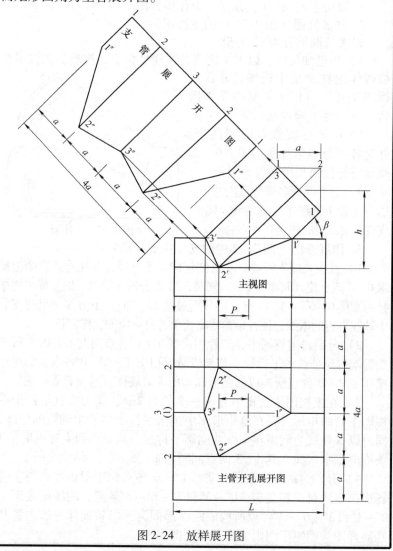

图 2-24　放样展开图

十三、等径圆管 Y 形三通（图 2-25）展开

1. 已知条件（图 2-26）

已知尺寸 r、h、H、P，求作展开图。

2. 作放样图（图 2-26 中的主视图）

设圆管圆周分为 12 等份。

1）用已知尺寸，以 1:1 比例在放样平台上，按施工图提供的被展体图样画出主视图，并在主视图支管端口作 1/2 截面图半圆弧（其就是半圆管截面图）。

2）6 等分支管 1/2 截面图半圆周，并对各等分点依序编号 0～6。圆周每等分段弧长用字母 S 表示。

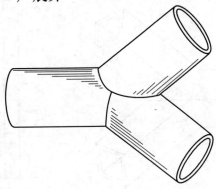

图 2-25　立体图

3）过半圆周各等分点向左上引与支管中轴线平行的素线，同主、支管相贯线分别对应相交 0′～6′各点。

3. 作展开图（图 2-26 中的主、支管展开图）

1）在主视图主管端口向上延伸一条直线，并在这条直线上截取 0、0 两点，使其间距为 $2\pi r$，然后 12 等分这条线段，并按主视图排列顺序编号 0～0～0 共 13 点，再分别过这 13 点向右作一组与主管中轴平行的素线，使各条素线略长于各自对应的放样实长。

2）分别过主视图主、支管相贯线 0′～3′各点，向上画平行于主管端口延伸线的平行线，与其素线对应相交 0″～0″～0″各点，曲线连接 0″～0″～0″各点所构成的图形即为所求被展体三通主管展开图。

3）在主视图一支管端口向左下方延伸一条直线，并在这条直线上截取 6、6 两点，使其间距为 $2\pi r$，然后 12 等分这条线段，并按主视图排列顺序编号 6～0～6 共 13 点，再分别过这 13 点向左上方作一组与支管中轴线平行的素线，使各条素线略长于各自对应的放样实长。

4）分别过主视图主、支管相贯线 0′～6′各点，向左下方画平行于支管端口延伸线的平行线，与其素线对应相交 6″～0″～6″各点，曲线连接 6″～0″～6″各点所构成的图形即为所求被展体三通支管展开图。由于三通支管有两个而且形状、尺寸均一样，因此，三通支管展开图样下料共两件。

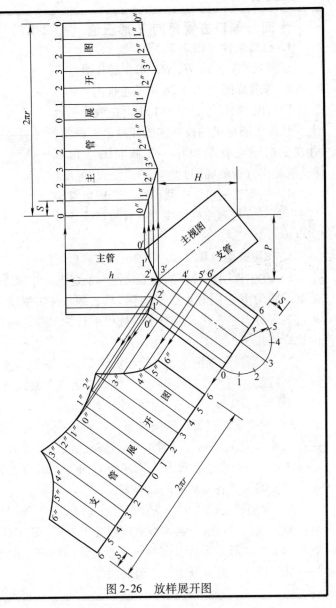

图 2-26　放样展开图

十四、等口方管角向 Y 形三通（图 2-27）展开

1. 已知条件（图 2-28）

已知尺寸 a、h、H、P，求作展开图。

2. 作放样图（图 2-28 中的主视图）

1）用已知尺寸，以 1:1 比例在放样平台上，按施工图提供的被展体图样画出主视图，并在主视图支管端口作 1/2 截面图三角形（其就是半方管截面图）。

2）对支管端口 1/2 截面图三个棱角点编号 1、2、3，再对主视图主、支管相贯线各对应点编号 $1'$、$2'$、$3'$。

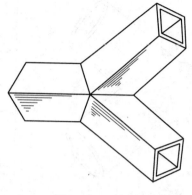

图 2-27 立体图

3. 作展开图（图 2-28 中的主、支管展开图）

1）在主视图主管口端向上延伸一条直线，并在这条直线上截取 1、1 两点，使其间距为 $4a$，同时 4 等分这条线段，编号按主视图排列顺序 1～1～1 共 5 点，再过各等分点向右作一组与主管棱线平行的素线，使各条素线略长于各自对应的放样实长。

2）分别过主视图主、支管相贯线 $1'$、$2'$各点，向上画平行于主管端口延伸线的平行线，与素线对应相交 $1''$～$1''$～$1''$各点，直线连接 $1''$～$1''$～$1''$各点所构成的图形即为所求被展体三通主管展开图。

3）在主视图支管口端向左下方延伸一条直线，并在这条直线上截取 3、3 两点，使其间距为 $4a$，同时 4 等分这条线段，各等分点按主视图排列顺序对应编号 3～1～3，再过各等分点向左上方向作一组与支管棱线平行的素线，使各条素线要略长于各自对应的放样实长。

4）分别过主视图主、支管相贯线 $1'$、$2'$、$3'$各点，向左下方画平行于支管端口延伸线的平行线，与素线对应相交 $3''$～$1''$～$3''$各点，直线连接 $3''$～$1''$～$3''$各点所构成的图形即为所求被展体三通支管展开图。由于三通两支管形状及尺寸均一样，因此，此展开图样下料共两件。

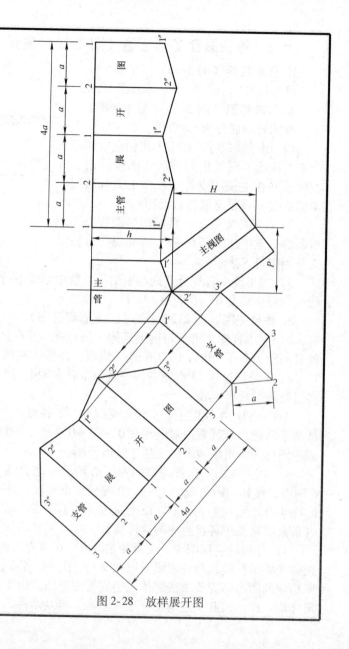

图 2-28 放样展开图

十五、等口方管面向 Y 形三通（图 2-29）展开

1. 已知条件（图 2-30）

已知尺寸 a、b、P、h、H，求作展开图。

2. 作放样图（图 2-30 中的主视图）

1）用已知尺寸，以 1:1 比例在放样平台上，按施工图提供的被展体图样画出主视图，并在主视图支管端口作方管截面图长方形。

2）对主视图支管端口两端点及中点编号 1、2、3，再对主、支管对接口相贯线各点对应编号 $1'$、$2'$、$3'$。

3. 作展开图（图 2-30 中的主、支管展开图）

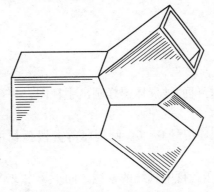

图 2-29　立体图

1）在主视图主管口端向上延伸一条直线，并在这条直线上截取 3、3 两点，使其间距为 $2(a+b)$，同时，按 b、a、b、a 顺序及各自对应的尺寸，把这条线段分为四份 5 个点，再加两 a 面中点共 7 个点，然后，按主视图各点排列顺序编号 3~3~3，再过各点向右侧作一组与主管棱线平行的素线，使各条素线略长于各自对应的放样实长。

2）分别过主视图主、支管相贯线 $2'$、$3'$ 各点，向上画平行主管端口延伸线的平行线，与素线对应相交 $3''$~$3''$~$3''$ 各点，直线连接 $3''$~$3''$~$3''$ 各点所构成的图形即为所求被展体三通主管展开图。

3）在主视图支管口端向左下方延伸一条直线，并在这条直线上截取 1、1 两点，使其间距为 $2(a+b)$，同时，按 b、a、b、a 顺序及各自对应的尺寸，把这条线段分为四份 5 个点，再加两 a 面中点共 7 个点，然后，按主视图各点排列顺序编号 1~3~1，再过各点向左上方作一组与支管棱线平行的素线，使各条素线略长于各自对应的放样实长。

4）分别过主视图主、支管相贯线 $1'$、$2'$、$3'$ 各点，向左下方画平行于支管端口延伸线的平行线，与素线对应相交 $1''$~$3''$~$1''$ 各点，直线连接 $1''$~$3''$~$1''$ 各点所构成的图形即为所求被展体三通支管展开图。由于三通两支管形状及尺寸均一样，因此，此展开图样下料共两件。

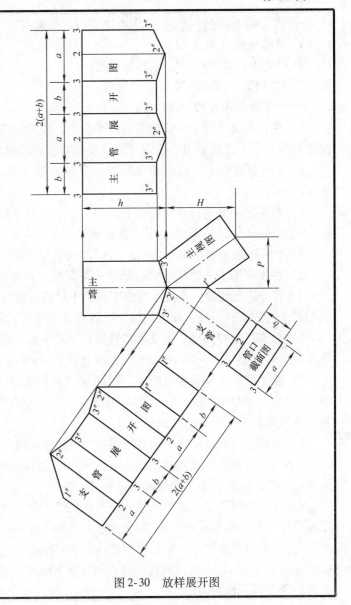

图 2-30　放样展开图

十六、等径圆管裤形三通（图2-31）展开

1. 已知条件（图2-32）

已知尺寸 r、h、H、P，求作展开图。

2. 作放样图（图2-32 中的主视图）

设圆管圆周分为 12 等份。

1）用已知尺寸以 1:1 比例在放样平台上，按施工图提供的被展体图样画出主视图，并在主视图圆支管端口作 1/2 截面图半圆弧（其就是半圆管截面图）。

2）6 等分支管 1/2 截面图半圆周，并对各等分点依序编号 0～6。圆周每等分段弧长用字母 S 表示。

3）过半圆周各等分点分别向下、中、上支管引平行于各自中轴线的素线，同下、中支管相贯线对应相交 0′～6′各点，同中、上支管相贯线相交 0′～3′各点。

3. 作展开图（图2-32 中的上、中、下支管展开图）

1）在主视图上支管端口向右延伸一条直线，并在这条直线上截取 0、0 两点，使其间距为 $2\pi r$，然后 12 等分这条线段，且按主视图排列顺序对各点编号 0～0～0，再分别过各点向下作一组与上支管中轴线平行的素线，使各条素线略长于各自对应的放样实长。

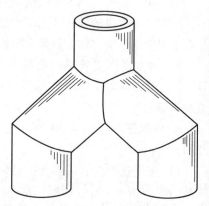

图2-31　立体图

2）分别过主视图中、上支管相贯线 0′～3′各点，向右画平行于上支管端口延伸线的平行线，与其各素线对应相交 0″～0″～0″各点，曲线连接 0″～0″～0″各点所构成的图形即为所求被展体三通上支管展开图。

3）在主视图中支管相贯线 0′点起向左上方向延伸一条垂直于中支管中轴线的直线，并在这条直线上截取 6、6 两点，使其间距为 $2\pi r$，然后 12 等分这条线段，且按主视图排列顺序对各点编号 6～0～6，再分别过各点向右上方作一组与中支管中轴线平行的素线，使各条素线略长于各自对应的放样实长。

4）分别过主视图中支管两端相贯线 0′～6′各点向左上方画垂直于中支管中轴线的平行线，与中支管素线两端分别对应相交两组 6″～0″～6″各点，分别曲线连接这两组 6″～0″～6″各点所构成的图形即为所求被展体三通中支管展开图，由于三通中支管是两件，而且形状、尺寸均一样，因此，中支管展开图样下料共两件。

5）在主视图下支管端口向左延伸一条直线，并在这条直线上截取 6、6 两点，使其间距为 $2\pi r$，然后 12 等分这条线段，且按主视图排列顺序对各点编号 6～0～6，再分别过各点向上作一组与下支管中轴线平行的素线，使各条素线略长于各自对应的放样实长。

6）分别过主视图下、中支管相贯线 0′～6′各点，向左画平行于下支管端口延伸线的平行线，与其各素线对应相交 6″～0″～6″各点，曲线连接 6″～0″～6″各点所构成的图形即为所求被展体三通下支管展开图。由于三通下支管是两个，而且形状、尺寸均一样，因此，下支管展开图样下料共两件。

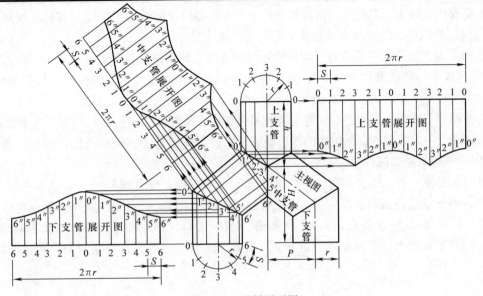

图 2-32 放样展开图

十七、等口方管角向裤形三通（图2-33）展开

1. 已知条件（图2-34）

已知尺寸 a、P、h_1、h_2、h_3，求作展开图。

2. 作放样图（图2-34 中的主视图）

1）用已知尺寸，以1:1比例在放样平台上，按施工图提供的被展体图样画出主视图，并在主视图方支管端口作 1/2 截面图三角形（其就是半方管截面图）。

2）对方支管端口 1/2 截面图三个棱角点编号 1、2、1，再分别对主视图下，中支管相贯线和上支管相贯线各棱角点编号 1′、2′、3′和 1″、2″、1″。

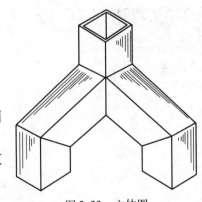

图 2-33 立体图

3. 作展开图（图2-34 中的上、中、下支管展开图）

1）在主视图上支管端口向右延伸一条直线，并在这条直线上截取 1、1 两点，使其间距为 $4a$，然后 4 等分这条线段，并且按主视图排列顺序对各点编号 1～1～1，再过各点向下作一组与上支管棱线平行的素线，使各条素线略长于各自对应的放样实长。

2）分别过主视图中、上支管相贯线 1′、2′各点，向右画平行于上支管端口延伸线的平行线，与其素线对应相交 1″~1″~1″各点，然后直线连接 1″~1″~1″各点所构成的图形，即为所求被展体三通上支管展开图。

3）在主视图中支管 1′点起向左上方延伸一条垂直于中支管棱线的直线，并在这条直线上截取 3、3 两点，使其间距为 4a，然后 4 等分这条线段，并且按主视图排列顺序对各点编号 3~1~3，再过各点向右上方作一组与中支管棱线平行的素线，使各条素线略长于各自对应的放样实长。

4）分别过主视图中支管两端相贯线 1′~3′各点，向左上方画垂直于中支管棱线的平行线，与中支管素线两端分别对应相交两组 3″~1″~3″各点，分别直线连接这两组 3″~1″~3″各点所构成的图形即为所求被展体三通中支管展开图，由于三通中支管是两件，而且形状、尺寸均一样，因此，中支管展开图样下料共两件。

5）在主视图下支管端口向左延伸一条直线，并在这条直线上截取 3、3 两点，使其间距为 4a，然后 4 等分这条线段，并且按主视图排列顺序对各点编号 3~1~3，再分别过各点向上作一组与下支管棱线平行的素线，使各条素线略长于各自对应的放样实长。

6）分别过主视图下、中支管相贯线 1′~3′各点，向左画平行于下支管端口延伸线的平行线，与其各素线对应相交 3″~1″~3″各点，直线连接 3″~1″~3″各点所构成的图形即为所求被展体三通下支管展开图。由于三通下支管是两个，而且形状、尺寸均一样，因此，下支管展开图样下料共两件。

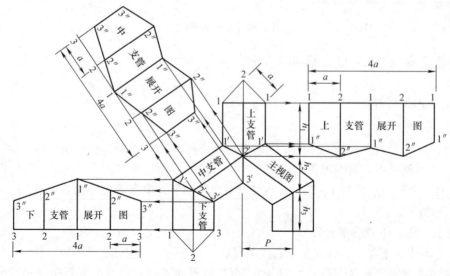

图 2-34　放样展开图

十八、等口方管面向裤形三通（图2-35）展开

1. 已知条件（图2-36）

已知尺寸 a、b、P、h_1、h_2、h_3，求作展开图。

2. 作放样图（图2-36 中的主视图）

1）用已知尺寸，以 1:1 比例在放样平台上，按施工图提供的被展体图样画出主视图，并在主视图上支管端口作方管截面图长方形。

2）对主视图下支管端口两端点及中点编号 1、2、3，再对中、下支管对接口相贯线各点对应编号 1′、2′、3′，对上、中支管对接口相贯线各点对应编号 2′、3′。

3. 作展开图（图2-36 中的上、中、下支管展开图）

1）在主视图上支管端口向右延伸一条直线，并在这条直线上截取 3、3 两点，使其间距为 $2(a+b)$，同时，按 a、b、a、b 顺序及各自对应的尺寸，把这条线段分为四份5个点，再加两 a 面中点共7个点，然后，按主视图各点排列顺序编号3~3~3，再过各点向下作一组与上支管棱线平行的素线，使各条素线略长于各自对应的放样实长。

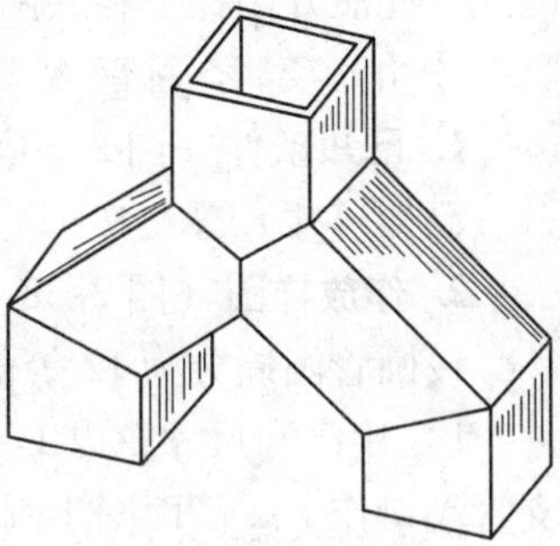

2）分别过主视图上、中支管对接口相贯线 2′、3′各点，向右画平行于上支管端口延伸线的平行线，与素线对应相交 3″~3″~3″各点，直线连接 3″~3″~3″各点所构成的图形即为所求被展体三通上支管展开图。

3）过主视图中、下支管对接口相贯线 3′点，向左上方延伸一条垂直于中支管棱线的直线，并在这条直线上截取 3、3 两点，使其间距为 $2(a+b)$，同时，按 b、a、b、a 顺序及各自对应的尺寸，把这条线段分为四份5个点，再加两 a 面中点共7个点，然后，按主视图各点排列顺序编号 3~1~3，再过各点向右上方作一组与中支管棱线平行的素线，使各条素线略长于各自对应的放样实长。

4）分别过主视图中支管两端相贯线 1′~3′各点，向左上方画垂直于中支管棱线的平行线，与中支管素线两端分别对应相交两组 3″~1″~3″各点，分别直线连接这两组 3″~1″~3″各点所构成的图形即为所求被展体三通中支管展开图。由于三通中支管是两个，而且形状、尺寸均一样，因此，此展开图样下料共两件。

5）在主视图下支管端口向左延伸一条直线，并在这条直线上截取 1、1 两点，使其间距为 $2(a+b)$，同时，按 b、a、b、a 顺序及各自对应的尺寸，把这条线段分为四份5个点，然后，按主视图各点排列顺序编号 1~3~1，再过各点向上作一组与下支管棱线平行的素线，使各条素线略长于各自对应的放样实长。

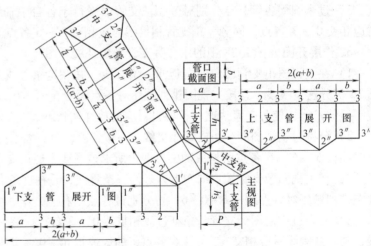

图 2-35　立体图

图 2-36　放样展开图

6) 分别过主视图中、下支管对接口相贯线 1′~3′各点，向左画平行于下支管端口延伸线的平行线，与素线对应相交 1″~3″~1″各点，然后，直线连接 1″~3″~1″各点所构成的图形，即为所求被展体三通下支管展开图。由于三通下支管是两个，而且形状、尺寸均一样，因此，此展开图样下料共两件。

十九、等径圆管 Y 形一角补过渡三通（图 2-37）展开

1. 已知条件（图 2-38）

已知尺寸 r、h、H、P，求作展开图。

2. 作放样图（图 2-38 中的主视图）

设圆管圆周分为 12 等份。

1）用已知尺寸，以 1∶1 比例在放样平台上，按施工图提供的被展体图样画出主视图，并在主视图支管端口作 1/2 截面图半圆弧。

2）6 等分支管 1/2 截面图半圆周，并对各等分点依序编号 0~6。圆周每等分段弧长用字母 S 表示。

3）过半圆周各等分点分别对旁、正支管引平行于各自中轴线的素线，同旁支管与角补过渡相贯线对应相交 0′~3′各点，同旁、正支管相贯线对应相交 3′~6′各点。

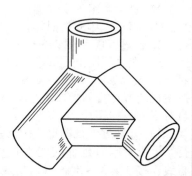

图 2-37　立体图

3. 作展开图（图 2-38 中的主、旁支管及角补展开图）

1）在主视图正支管端口向右延伸一条直线，并在这条直线上截取 6、6 两点，使其间距为 $2\pi r$，然后 12 等分这条线段，且按主视图排列顺序对各点编号 6~6~6，再分别过各点向下作一组与正支管中轴线平行的素线，使各条素线略长于各自对应的放样实长。

2）分别过主视图旁、正支管相贯线 3′~6′各点，向右画平行于正支管端口延伸线的平行线，与其各素线对应相交 6″~6″~6″各点，曲线连接 6″~6″~6″各点所构成的图形即为所求被展体三通正支管展开图。

3）在主视图旁支管端口向左上方延伸一条直线，并在这条直线上截取 6、6 两点，使其间距为 $2\pi r$，然后 12 等分这条线段，且按主视图排列顺序对各点编号 6~0~6，再分别过各点向右上方作一组与旁支管中轴线平行的素线，使各条素线略长于各自对应的放样实长。

4）分别过主视图旁支管与角补过渡相贯线 0′~3′各点，旁、正支管相贯线 3′~6′各点，向左上方画平行于旁支管端口延伸线的平行线，与其各素线对应相交 6″~0″~6″各点，曲线连接 6″~0″~6″各点所构成的图形即为所求被展体三通旁支管展开图。由于三通旁支管有两个，而且形状、尺寸均一样，因此，旁支管展开图样下料共两件。

5）在主视图角补过渡等腰三角形右端一角 3′点起向下引垂线，并在这条垂线上截取 3、3 两点，使其间距为 πr，而且这间距两端要留够两等腰三角形高的长度，然后将 3、3 两点间线段 6 等分，并且按主视图排列顺序对各点编号 3~0~3，再分别过各点向左作一组与角补过渡等腰三角底边平行的素线，使各条素线略长于各自对应的放样实长。

6）分别过主视图两旁支管与角补过渡相贯线 $0'\sim3'$ 各点，向下引垂线与其各条素线两端对应相交两组 $3''\sim0''\sim3''$ 各点，然后曲线连接这两组 $3''\sim0''\sim3''$ 各点所构成的图形，再在这个图形上下两端按主视图角补过渡等腰三角形 $\triangle3'3'3'$ 的图样及尺寸画出，这时所构成的完整图形即为所求被展体三通角补展开图。

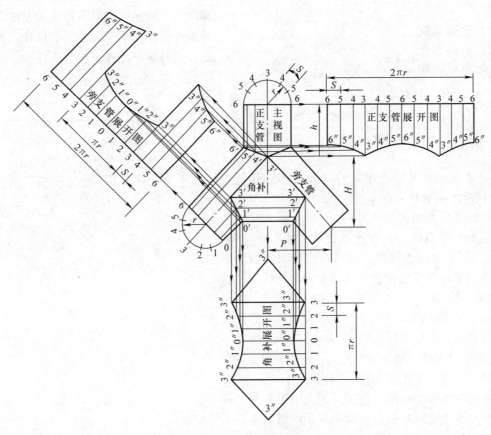

图 2-38　放样展开图

二十、等径圆管 Y 形三角补过渡正三通（图 2-39）展开

1. 已知条件（图 2-40）

已知尺寸 r、h、a，求作展开图。

2. 作放样图（图 2-40 中的主视图）

设圆管圆周分为 12 等份。

1）用已知尺寸，以 1:1 比例在放样平台上，按施工图提供的被展体图样画出主视图，并在主视图支管端口作 1/2 截面图半圆弧。

2）3 等分支管截面图 1/2 半圆周，并对各等分点依序编号 0～3，另 1/2 半圆周也同样等分对应编号。圆周每等分段弧长用字母 S 表示。

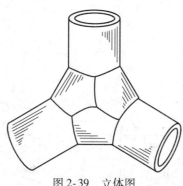

图 2-39 立体图

3）分别过上、左两支管半圆周各等分点引平行于各自中轴线的素线，同支管与角补相贯线分别对应相交 0′～3′各点。

3. 作展开图（图 2-40 中的支管及角补展开图）

1）在上支管端口左侧延伸一条直线，并在这条直线上截取 0、0 两点，使其间距为 $2\pi r$，同时，12 等分这条线段，编号按主视图排列顺序 0～0～0 各点，再分别过各点向下作一组与支管中轴线平行的素线，使各条素线略长于各自对应的放样实长。

2）分别过主视图支管与角补相贯线 0′～3′各点，向左侧画平行于支管端口延伸线的平行线，与其各素线对应相交 0″～0″～0″各点，曲线连接 0″～0″～0″各点所构成的图形即为所求被展体三通支管展开图，由于三通有三个支管，而且形状、尺寸均一样，因此，支管展开图样下料共 3 件。

3）在主视图角补过渡等腰三角形的右端一角 3′点起向下引垂线，并在这条垂线上截取 3、3 两点，使其间距为 πr，这间距两端应留够两个等腰三角形高的长度，然后将 3、3 两点间这条线段 6 等分，并且按主视图排列顺序对各点编号 3～0～3，再分别过各点向左作一组与角补过渡等腰三角形底边平行的素线，使各条素线略长于各自对应的放样实长。

4）分别过主视图两支管与角补过渡相贯线左右两组 0′～3′各点，向下引垂线与其各条素线两端对应相交两组 3″～0″～3″各点，然后曲线连接这两组 3″～0″～3″各点构成图形，再在这个图形上下两端按主视图角补过渡等腰三角形 △3′3′3′ 的图样及尺寸画出，这时所构成的完整图形即为所求被展体三通角补展开图。由于三通是 3 个角补，而且形状、尺寸均一样，因此，角补展开图样下料共 3 件。

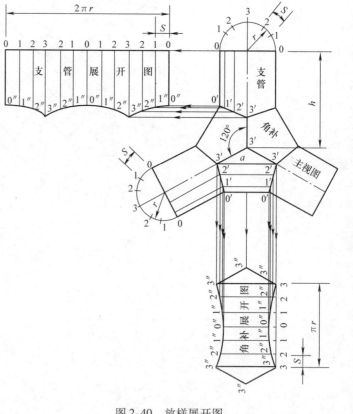

图 2-40 放样展开图

二十一、等径圆管直交角补过渡三通（图2-41）展开

1. 已知条件（图2-42）

已知尺寸 r、h、b、L，求作展开图。

2. 作放样图（图2-42中的主视图）

设圆管圆周分为12等份。

1）用已知尺寸，以1:1比例在放样平台上，按施工图提供的被展体图样画出主视图，并在主视图支管端口作1/2截面图半圆弧。

2）3等分支管截面图1/2半圆周，并对各等分点依序编号0~3，另1/2半圆周也同样等分对应编号。圆周每等分段弧长用字母 S 表示。

3）过支管半圆周各等分点引平行于支管中轴线的素线，同支管与角补相贯线对应相交 $0'$~$3'$ 各点，再过各点引平行于角补梯形顶、底边的素线，同主管与角补相贯线也对应相交 $0'$~$3'$ 各点。

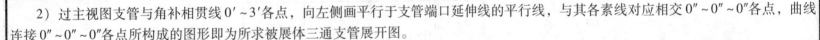

图2-41　立体图

3. 作展开图（图2-42中的主、支管，角补，开孔展开图）

1）在支管端口左侧延伸一条直线，并在这条直线上截取0、0两点，使其间距为 $2\pi r$，同时12等分这条线段，并按主视图排列顺序编号0~0~0各点，然后分别过各点向下作一组与支管中轴线平行的素线，使各条素线略长于各自对应的放样实长。

2）过主视图支管与角补相贯线 $0'$~$3'$ 各点，向左侧画平行于支管端口延伸线的平行线，与其各素线对应相交 $0''$~$0''$~$0''$ 各点，曲线连接 $0''$~$0''$~$0''$ 各点所构成的图形即为所求被展体三通支管展开图。

3）在主视图角补过渡等腰梯形底边 $3'$ 点起，向右上方延伸一条垂直于梯形底边 $3'3'$ 的直线，并在这条直线上截取3、3两点，使其间距为 πr，同时6等分这条线段，并按主视图排列顺编号3~0~3各点，再过各点向左上方作一组平行于梯形 $3'3'$ 底边的素线，使各条素线略长于各自对应的放样实长，而且在这组素线一侧要留有角补三角形位置。

4）分别过主视图角补过渡梯形相贯线 $0'$~$3'$ 各点，向右上方画平行于梯形底边 $3'$ 点延伸线的平行线，与其各素线两端分别对应相交两组 $3''$~$0''$~$3''$ 各点，曲线连接这两组 $3''$~$0''$~$3''$ 各点就构成了一个图形，在这个图形一侧按主视图角补过渡三角形图样及尺寸画出 $\triangle 3''3''3''$ 图后所构成的完整图形即为所求被展体三通1/2角补展开图，此展开图样下料两件。

5）在主视图正下方作一个长为 $2\pi r$，宽为 L 的矩形，并在这矩形图中画出平行于主视图主管中轴线的中线，同时以 S 弧长为间距在中线两侧画平行线，从而得到主管相贯孔7条横向基本素线。

6）分别过放样主视图两组相贯线 $0'$~$3'$ 各点向下引垂线，与主管各横向素线对应相交两组 $3''$~$0''$~$3''$ 各点，曲线连接这两组 $3''$~$0''$~$3''$ 各点所构成的图形即为所求被展体三通主管开孔展开图，而矩形图则为主管展开图。

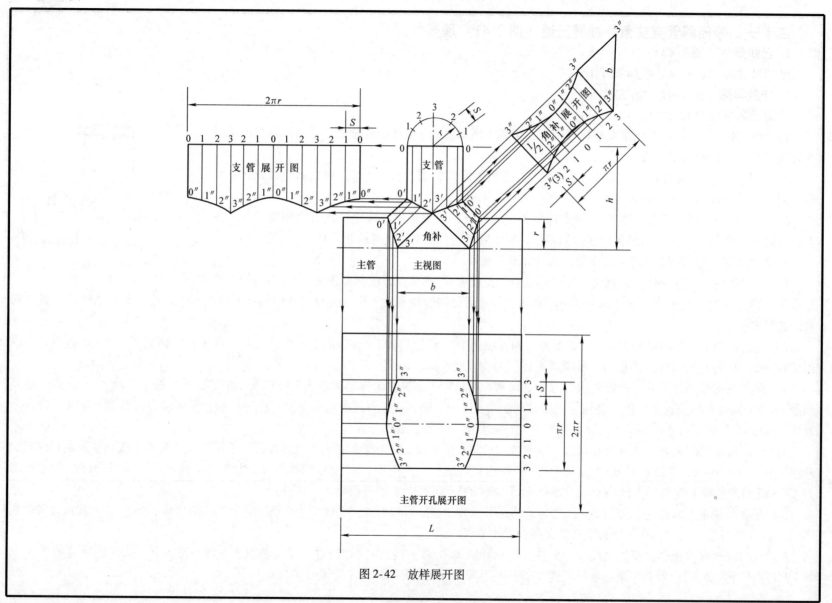

图 2-42　放样展开图

二十二、等径圆管斜交角补过渡三通（图2-43）展开

1. 已知条件（图2-44）

已知尺寸 r、h、b、L、Q，求作展开图。

2. 作放样图（图2-44中的主视图）

设圆管圆周分为12等份。

1）用已知尺寸，以1:1比例在放样平台上，按施工图提供的被展体图样画出主视图，并在主视图支管端口作1/2截面图半圆弧。

2）6等分支管1/2截面图半圆周，并对各等分点依序编号0~6。圆周每等分段弧长用字母 S 表示。

3）过支管半圆周各等分点引平行于支管中轴线的素线，同支管与角补相贯线对应相交 $0'$~$3'$各点，同支管与主管相贯线对应相交 $3'$~$6'$各点，再过 $0'$~$3'$各点引平行于角补梯形顶、底边的素线，同主管与角补相贯线也对应相交 $0'$~$3'$各点。

3. 作展开图（图2-44中的主、支管，角补，开孔展开图）

1）在支管端口左上侧延伸一条直线，并在这条直线上截取 0、0 两点，使其间距为 $2\pi r$，同时12等分这条线段，并按主视图排列顺序编号 0~6~0 各点，再分别过各点向左下方作一组与支管中轴线平行的素线，使各条素线略长于各自对应的放样实长。

2）分别过主视图支管与角补相贯线 $0'$~$3'$各点和支管与主管相贯线 $3'$~$6'$各点，向左上方画平行于支管端口延伸线的平行线，与其各素线分别对应相交 $0''$~$3''$~$0''$ 和 $3''$~$6''$~$3''$各点，曲线连接 $0''$~$3''$~$0''$ 和 $3''$~$6''$~$3''$各点所构成的图形即为所求被展体三通支管展开图。

3）在主视图角补过渡等腰梯形底边 $3'$点起，向右上方延伸一条垂直于梯形底边 $3'3'$的直线，并在这条直线上截取 3、3 两点，使其间距为 πr，同时6等分这条线段，并按主视图排列顺序编号 3~0~3 各点，再过各点向左上方作一组平行于梯形底边 $3'3'$的素线，使各条素线略长于各自对应的放样实长，而且在这组素线两侧要各留有角补三角形位置。

4）分别过主视图角补过渡梯形相贯线两组 $0'$~$3'$各点，向右上方画垂直于梯形底边 $3'3'$的平行线，与其各素线两端分别对应相交两组 $3''$~$0''$~$3''$各点，曲线连接这两组 $3''$~$0''$~$3''$各点就构成了一个图形，在这个图形两侧按主视图角补过渡三角形图样及尺寸各画一个 $\triangle 3''3''3''$图后所构成的完整图形即为所求被展体三通角补展开图。

5）在主视图正下方作一个长为 $2\pi r$，宽为 L 的矩形，并在这个矩形图中画出平行于主视图主管中轴线的中线，同时以 S 弧长为间距在中线两侧画平行线，从而得到主管相贯孔 7 条横向基本素线。

6）分别过放样主视图两条相贯线 $0'$~$3'$ 和 $3'$~$6'$各点向下引垂线，与主管各横向素线对应相交两组 $3''$~$0''$~$3''$ 和 $3''$~$6''$~$3''$各点，曲线连接这两组 $3''$~$0''$~$3''$ 和 $3''$~$6''$~$3''$各点所构成的图形即为所求被展体三通主管开孔展开图，而矩形图则为主管展开图。

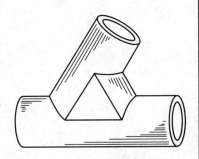

图2-43 立体图

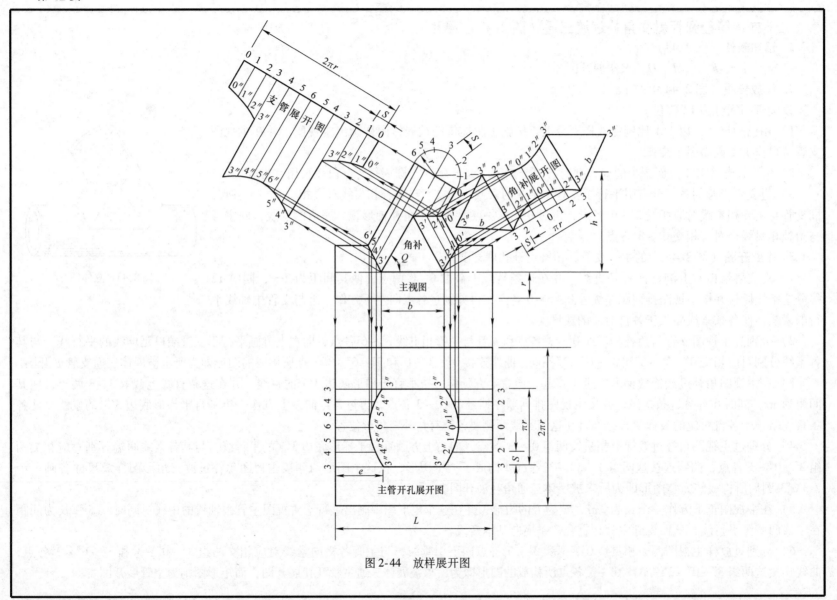

图 2-44　放样展开图

二十三、异径圆管正心直交（图 2-45）展开

1. 已知条件（图 2-46）

已知尺寸 r、R、h、L，求作展开图。

2. 作放样图（图 2-46 中的主、左视图）

设支管圆周分为 12 等份。

1）用已知尺寸，以 1:1 比例在放样平台上，按施工图提供的被展体图样画出主视图及相对应的左视图，并在主、左视图支管端口作 1/2 截面图半圆弧。

2）先 6 等分主视图支管截面图半圆周，并对各等分点依序编号 0～3～0，然后再 6 等分左视图支管截面图半圆周，并对各等分点依照主视图支管各等点的号码对应编号 3～0～3，圆周每等分段弧长用字母 S 表示。

3）过左视图支管截面图半圆周各等分点作垂线（支管素线），分别交主管圆弧 3～0～3 各点，从而得到主管相贯孔各实长弧线段 e_1、e_2、e_3。

4）过主视图支管截面图半圆周各等分点，作与支管中轴线平行的素线，这组素线分别与过左视图主、支管各相交点引出的水平线对应相交 0′～3′～0′各点，连接 0′～3′～0′各点构成一条曲线即为主、支管相贯线。

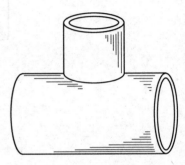

图 2-45　立体图

3. 作展开图（图 2-46 中的支、主管，开孔展开图）

1）在主视图支管端口向左延伸一条直线，并在这条直线上截取 0、0 两点，使其间距为 $2\pi r$，同时 12 等分这条线段，并按主视图排列顺序编号 0～0～0 各点，再分别过各点向下作一组与支管中轴平行的素线，使各条素线略长于各自对应的放样实长。

2）过主视图主、支管放样相贯线 0′～3′各点，向左画平行于支管端口延伸线的平行线，与其各条素线对应相交 0″～0″～0″各点，曲线连接 0″～0″～0″各点所构成的图形即为所求被展体中的支管展开图。

3）在主视图主管正下方作一个长为 $2\pi R$，宽为 L 的矩形，并在这矩形中画出平行于主视图主管轴线的中线，同时以 e_1、e_2、e_3 各弧长（展平）为间距，在中线两侧画平行线，从而得到主管相贯孔 7 条横向基本素线。

4）分别过主视图主、支管相贯线 0′～3′～0′各点向下引垂线，与主管各横向素线对应相交两组 0″～3″～0″各点，曲线连接这两组 0″～3″～0″各点所构成的图形即为所求被展体中的主管开孔展开图，而矩形图则为主管展开图。

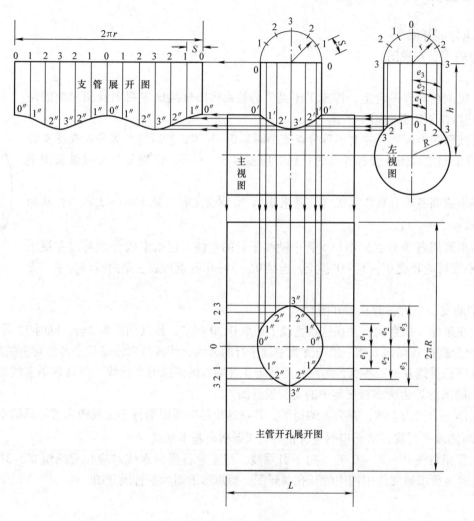

图 2-46　放样展开图

二十四、方管正心直交圆管（图2-47）展开

1. 已知条件（图2-48）

已知尺寸 a、b、R、h、L，求作展开图。

2. 作放样图（图2-49中的主、左视图）

1）用已知尺寸，以 1:1 比例在放样平台上，按施工图提供的被展体图样画出主视图及相对应的左视图。左视图方支管两棱线与圆主管相交两点，并对这两点编号1、1，方支管 b 面中线与圆主管相交一点，并对其编号2，弧线 1～2～1 就是方支管 b 面与圆主管的相贯线，而 e 则是圆主管相贯孔一侧实长弧线段。

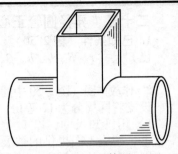

图 2-47　立体图

2）分别过左视图1、2两点，向左侧引水平线，与主视图方支管两棱线延伸线分别相交 1′、1′两点和 2′、2′两点，1′～1′直线段就是方支管 a 面与圆主管的相贯线，而 1′～2′直线段则是方支管 b 面与圆主管相贯弧弦高。

3. 作展开图（图2-48中的支、主管，开孔展开图）

1）在主视图方支管端口左侧延伸一条直线，并在这条直线上截取1、1两点，使其间距为 $2(a+b)$，同时按主、左视图方支管 a、b 宽度及排列顺序在这条线段上取 1～1～1 各点，再在两 b 段中取编号2中点，然后过各点向下引平行于主、左视图方支管棱线的素线，使各条素线略长于放样实长。

2）分别过主视图相贯线 1′、2′两点向左侧画平行于方支管端口延伸线的平行线，与素线对应相交 1″～1″～1″各点，同时与 b 面中线相交 2″点，然后分别直线连接两组 1″、1″各点，曲线连接两组 1″～2″～1″各点所构成的图形即为所求被展体中的方支管展开图。

3）在主视图正下方作一个长为 $2\pi R$，宽为 L 的矩形，并在矩形中画出平行于主视图主管轴线的中线，然后以 e 弧长为间距在中线两侧画平行线，从而得到主管相贯孔3条横向基本素线。

4）分别过主视图相贯线 1′～2′各点，向下引垂线，与主管各横向素线对应相交 1″～2″～1″各点，直线连接 1″～2″～1″各点所构成的图形即为所求被展体中的主管开孔展开图，而矩形图则是主管展开图。

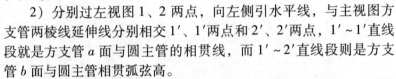

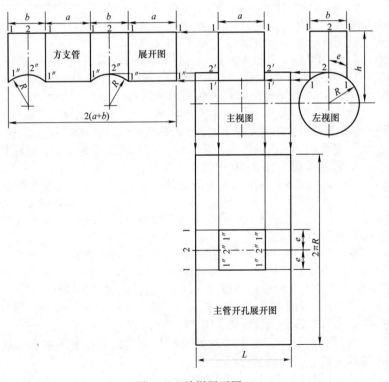

图 2-48　放样展开图

二十五、异径圆管正心斜交（图2-49）展开

1. 已知条件（图2-50）

已知尺寸 r、R、b、h、β、L，求作展开图。

2. 作放样图（图2-50中的主、左视图）

设支管圆周分为12等份。

1）用已知尺寸，以1:1比例在放样平台上，按施工图提供的被展体图样画出主视图和对应的左视图，并在主、左视图支管端口作1/2截面图半圆弧。

图2-49　立体图

2）6等分支管半圆周，以主视图支管为基准对各点依序编号0~6，左视图支管与主视图支管各等分点对应编号0~6（其中0与6、1与5、2与4重合）。圆周每等分段弧长用字母 S 表示。

3）过左视图支管截面图半圆周各等分点作垂线，分别交主管圆弧 0~6 各点，同时得到主管相贯孔实长弧线 e_3、e_4（e_2）、e_5（e_1）。

4）过主视图支管截面图半圆周各等分点，作一组同支管轴线平行的素线，这组素线分别与过左视图主、支管各相交点引出的水平线对应相交 0′~6′ 各点，连接 0′~6′ 各点构成一条曲线，这条曲线即为主、支管相贯线。

3. 作展开图（图2-50中的支、主管，开孔展开图）

1）在主视图支管端口左上方延伸一条直线，并在这条直线上截取0、0两点，使其间距为 $2\pi r$，同时12等分这条线段，按主视图各点排列顺序编号0~6~0，再过各点作一组与支管轴线平行的素线，使各条素线略长于各自对应的放样实长。

2）过主视图主、支管放样相贯线 0′~6′ 各点，向左上方画平行于支管端口延伸线的平行线，与其素线对应相交 0″~6″~0″ 各点，曲线连接 0″~6″~0″ 各点所构成的图形即为所求被展体中的支管展开图。

3）在主视图主管的正下方作一个长为 $2\pi R$，宽为 L 的矩形，并在矩形图中画出平行于主管轴线的中线，同时以 e_3、e_4（e_2）、e_5（e_1）各弧长（展平）为间距，在中线两侧画平行线，从而得到主管相贯孔7条横向基本素线。

4）分别过主视图主、支管放样相贯线 0′~6′ 各点向下引垂线，与主管各横向素线对应相交 3″~0″~3″ 和 3″~6″~3″ 各点，曲线连接 3″~0″~3″

和 3″~6″~3″ 各点所构成的图形即为所求被展体中的主管开孔图，而矩形图则是主管展开图。

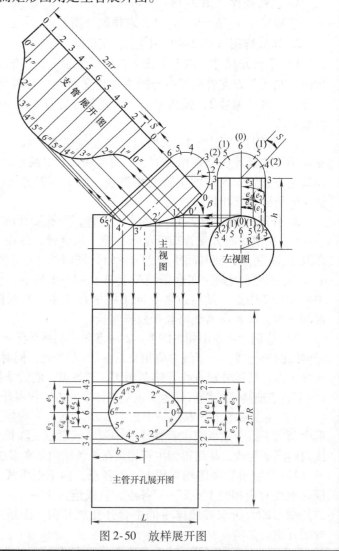

图2-50　放样展开图

二十六、方管正心斜交圆管（图 2-51）展开

1. 已知条件（图 2-52）

已知尺寸 a、b、R、h、c、L、β，求作展开图。

2. 作放样图（图 2-52 中的主视图和对应的左视图）

设方支管 b 面分为 6 等份。

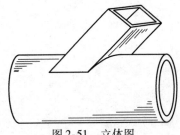

图 2-51 立体图

1）用已知尺寸，以 1∶1 比例在放样平台上按施工图提供的被展体图样画出主视图和对应的左视图。

2）3 等分方支管 $1/2$ b 面，并对左视图方支管 b 面各等分点依序编号 $0 \sim 3$，再过各等分点作垂线，分别交主管圆弧 $0 \sim 3$ 各点，同时得到主管相贯孔实长弧线 e_1、e_2、e_3。

3）过左视图主、支管各相交点向主视图引水平线，与主视图方支管两 b 面棱边延长线分别对应相交两组 $0' \sim 3'$ 各点，这两组 $0' \sim 3'$ 倾斜直线段即为方支管两 b 面与圆主管接合的相贯线，而 $3'3'$ 直线段则为方支管 a 面与圆主管接合的相贯线。

3. 作展开图（图 2-52 中的支、主管，开孔展开图）

1）过主视图方支管端口向左上方延伸一条直线，并在这条直线上截取 3、3 两点，使其间距为 $2(a+b)$，然后分别以 a、b 为间距对这条线段分为四段，编号 $3 \sim 3 \sim 3$ 各点，同时对 b 两段再各 6 等分 $3 \sim 0 \sim 3$ 各点，最后过各点作一组与主视图方管棱线平行的素线，使各素线略长于各自对应的放样实长。

2）过主视图主、支管相贯线 $0' \sim 3'$ 各点，向左上方画平行于方支管端口延伸线的平行线，与其素线对应相交 $3'' \sim 3'' \sim 3''$ 各点，以及 $3'' \sim 0'' \sim 3''$ 各点，直线连接 a 面对应的 $3''3''$ 两点，结合曲线连接 b 面对应的 $3'' \sim 0'' \sim 3''$ 各点所构成的图形即为所求被展体中的方支管展开图。

3）在主视图圆主管正下方作一个长为 $2\pi R$、宽为 L 的矩形，并在矩形中画出平行于主管轴线的中线，同时以 e_1、e_2、e_3 各弧长（展平）为间距，在中线两侧画平行线，从而得到主管相贯孔 7 条横向基本素线。

4）分别过主视图主、支管放样相贯线 $0' \sim 3'$ 各点向下引垂线，与主管各横向素线对应相交两组 $3'' \sim 0'' \sim 3''$ 各点，曲线连接这两组 $3'' \sim 0'' \sim 3''$ 各点所构成的图形即为所求被展体中的圆主管开孔展开图，而矩形图则为圆主管展开图。

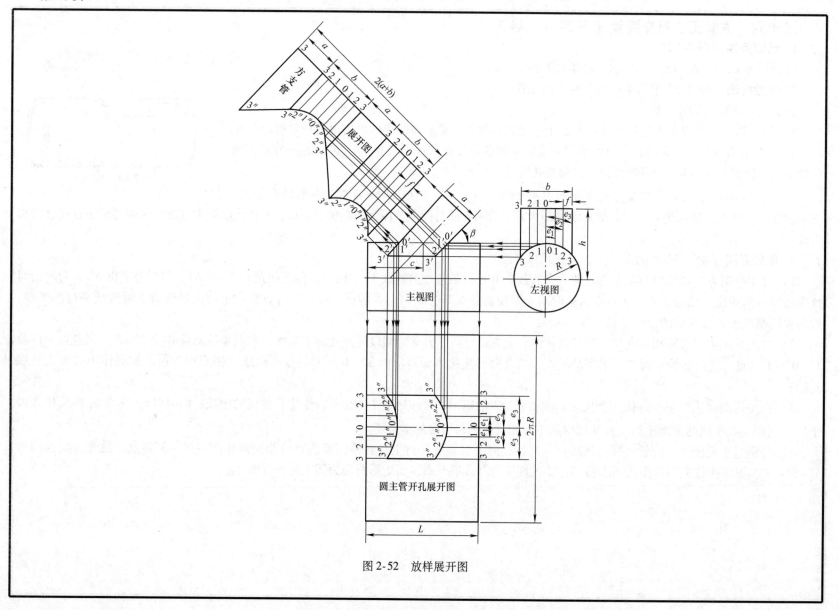

图 2-52 放样展开图

二十七、圆管偏心直交正圆锥台（图2-53）展开

1. 已知条件（图2-54）

已知尺寸 R、r、β、P、h、H，求作展开图。

2. 作放样图（图2-54 中的主视图，及 1/2 俯视图）

设圆管圆周分为 12 等份。

1）用已知尺寸，以 1∶1 比例在放样平台上，按施工图提供的被展体图样画出主视图及与主视图相连的 1/2 俯视图。

2）主视图圆锥台锥顶用字母 O 表示，俯视图圆锥台圆心（垂足）用字母 O' 表示。俯视图圆管圆周分为 12 等份，则半圆周为 6 等份，并对各等分点编号 0～6。

3）在 1/2 俯视图上，以垂足 O' 为圆心，分别以 O' 至 0～6 各点之距为半径画弧，交圆锥台底圆中线（主视图圆锥台底边）于 0～6 各点。则与底圆中线相交的各段弧长用字母 M_0～M_6 表示，圆管圆周每等分段弧长用字母 S 表示。

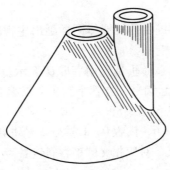

图 2-53　立体图

4）在主视图上，过圆锥台底边 0～6 各点，画与底边垂直的平行线，交圆锥台斜边于 $0'$～$6'$ 各点，再过 $0'$～$6'$ 各点画平行于圆管轴线的平行线，交圆管端口边于 0～6 各点，这组平行线段，为圆管实长素线。锥顶 O 点至 $0'$～$6'$ 各点之距，为圆锥台圆管相贯孔各实长半径。

3. 作展开图（图2-54 中的圆管展开图、圆锥台开孔展开图）

1）在主视图圆管端口向右延伸一条直线，并在这条直线上截取 0、0 两点，使其间距为 $2\pi r$，同时，12 等分这条线段，各等分点按主视图排列顺序编号 0～6～0，再过各点向下作一组平行于圆管中轴线的素线，使各条素线略长于各自对应的放样实长。

2）过主视图圆管与圆锥台接合线 $0'$～$6'$ 各点，向右画平行于圆管端口延伸线的平行线，与素线对应相交 $0''$～$6''$～$0''$ 各点，曲线连接 $0''$～$6''$～$0''$ 各点所构成的图形即为所求被展体中的圆管展开图。

3）在主视图圆锥台左侧适当位置，过顶点 O 作一条圆管与圆锥台相贯孔的中线。然后，以顶点 O 为圆心，以 O 至 $0'$～$6'$ 各点之距为半径，分别在相贯孔中线两侧画弧，使各条弧长略长于各对应的放样实长。

4）用俯视图上各放样实长弧线段 M_0～M_6，在相贯孔中线两侧各自所对应的

弧线上截取 $0''$～$6''$ 各点，曲线连接相贯孔中线两侧的 $0''$～$6''$ 各点所构成的图形即为所求被展体中的圆锥台开孔展开图。

5）圆锥台展开参照第三章第一节的介绍。

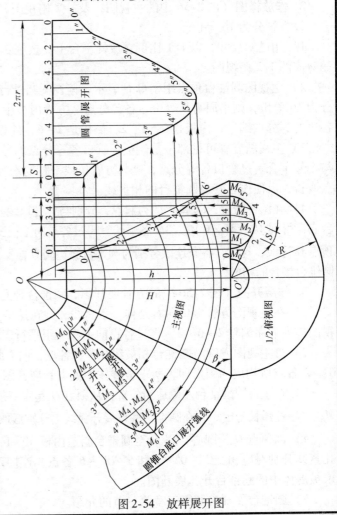

图 2-54　放样展开图

二十八、方管偏心直交正圆锥台（图2-55）展开

1. 已知条件（图2-56）

已知尺寸 a、R、β、P、h、H，求作展开图。

2. 作放样图（图2-56中的主视图，及1/2俯视图）

设方管分为16等份。

1）用已知尺寸，以1:1比例在放样平台上，按施工图提供的被展体图样画出主视图，及与主视图相对应的1/2俯视图。

2）主视图圆锥台顶点用字母 O 表示，俯视图圆锥台圆心（垂足）用字母 O' 表示。俯视图方管一周分为16等份，则半周为8等份，各等分点从方管内板中点起编号，方管半周9个点编号为0～8，方管各边的等分点编号，内板是0、1、2，侧板是2～6，外板是6、7、8。

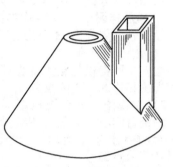

图2-55 立体图

3）主视图方管可见部位是侧板，管口各等分点编号2～6，内板0、1号与2号重合，外板7、8号与6号重合。过管口各等分点，画与方管棱线平行的平行线，对应相交圆锥台斜边各点，并适当延长各点线长，以便作方管与圆锥台的相贯线。

4）在俯视图上，以垂足 O' 为起点，分别与方管口编号0～8各等分点连线，并延长至圆锥台底口圆弧线相交于0～8各点，从而在圆锥台底口得到 M_1、M_2 和 M_6、M_7 各弧长。再过各点向主视图圆锥台底边引垂线，又交圆锥台底口边于各点，然后，再将底口边各点与圆锥台顶点 O 连线，这时，各条连线分别与圆锥台斜边同方管各素线相交点延长线对应交于0'～8'各点，连接0'～8'各点所得到的线段即为方管与圆锥台接合的相贯线。

3. 作展开图（图2-56中的方管展开图、圆锥台开孔展开图）。

1）在主视图方管端口向右延伸一条直线，并在这条直线上截取2、2两点，使其间距为 $4a$，同时，16等分这条线段，各等分点按主视图排列顺序编号2～6～2，再过各点向下作一组平行于方管棱线的素线，使各条素线略长于各自对应的放样实长。

2）过主视图方管与圆锥台相贯线0'～8'各点，向右画平行于方管端口延伸线的平行线，与素线对应相交2″～6″～2″各点，连接2″～6″～2″各点所构成的图形即为所求被展体中的方管展开图。

3）在主视图圆锥台左侧适当位置，从顶点 O 起作一条方管与圆锥台相贯孔的中线，并在中线两侧以俯视图圆锥底口弧上的 M_1、M_2 和 M_6、M_7 各弧长为定距，在圆锥台底口展开弧线上分别截取2～0～2和6～8～6各点，过各点与顶点 O 连线即为圆锥台方管相贯孔素线。

4）以顶点 O 为圆心，以 O 至圆锥台斜边内板0'、1'、2'和外板6'、7'、8'各相交点为半径，向圆锥台左侧画弧，与展开圆锥台相贯孔素线分别对应相交2″～0″～2″和6″～8″～6″各点，连接2″～0″～2″和6″～8″～6″各点，直线连接中线两侧2″、6″两点所构成的图形即为所求被展体中的圆锥台开孔展开图。

5）圆锥台展开参照第三章第一节的介绍。

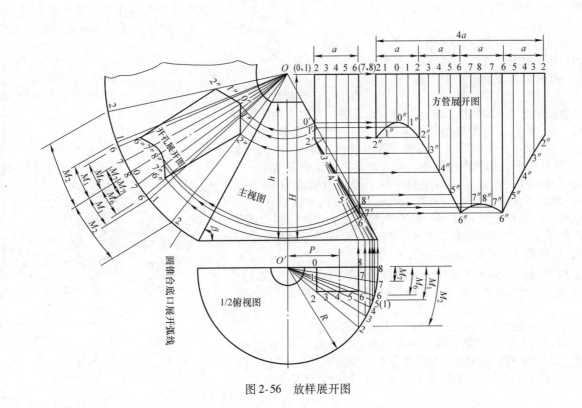

图 2-56　放样展开图

二十九、圆管平交正圆锥台（图 2-57）展开

1. 已知条件（图 2-58）

已知尺寸 R、r、β、K、h、H，求作展开图。

2. 作放样图（图 2-58 中的主、俯视图）

设圆管圆周分为 12 等份。

1）用已知尺寸，以 1:1 比例在放样平台上，按施工图提供的被展体图样画出主视图，及相对应的俯视图，并在主、俯视图圆管端口作 1/2 截面图半圆弧。

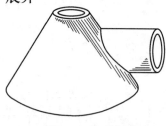

图 2-57 立体图

2）主、俯视图圆管圆周分为 12 等份，则半圆周为 6 等份，先对主视图圆管半圆周各等分点编号 0～6，然后，对俯视图圆管半圆周按主视图各点对应编号，其中 0、1、2 各点分别与 6、5、4 各点重合。圆管每等分段弧长用字母 S 表示。主视图圆锥台顶点用字母 O 表示，俯视图底圆中心点（垂足）用字母 O' 表示。

3）过主视图圆管半圆周 0～6 各点，向左画平行于圆管中轴线的平行线，交圆锥台斜边于各点，再过斜边各点向下引垂线，与俯视图横向中线交于 0～6 各点。然后，以 O' 为圆心，以 O' 至中线上 0～6 各点为半径画弧，分别与圆管半圆周 0～6 各等分点的水平引出线对应相交各点，这时，俯视图上就得到各段弧线，对各段弧线弧长用字母 M_0～M_6 表示。

4）过俯视图各弧线段端点，向上引垂线，与主视图圆锥台斜边上各交点的延长线对应相交 0′～6′各点，连接 0′～6′各点所得到的曲线段即为圆管与圆锥台平交的相贯线。

3. 作展开图（图 2-58 中的圆管展开图、圆锥台开孔展开图）

1）在主视图圆管端口向上延伸一条直线，并在这条直线上截取 0、0 两点，使其间距为 $2\pi r$，同时，12 等分这条线段，各等分点按主视图排列顺序编号 0～6～0，再过各点向左作一组平行于圆管中轴线的素线，使各条素线略长于各自对应的放样实长。

2）过主视图圆管与圆锥台接合相贯线 0′～6′各点，向上画平行于圆管端口延伸线的平行线，与素线对应相交 0″～6″～0″各点，曲线连接 0″～6″～0″各点所构成的图形即为所求被展体中的圆管展开图。

3）在主视图圆锥台左侧适当位置，过顶点 O 作一条圆管与圆锥台相贯孔的中线，然后，以顶点 O 为圆心，以 O 至 0′～6′各点与圆锥台斜边的水平相交点为半径，分别在相贯孔中线两侧画弧，使各条弧长要略长于各自对应的放样实长。

4）用俯视图上各放样实长弧线段 M_0～M_6，在相贯孔中线两侧各自所对应的弧线上截取 0″～6″各点，然后，曲线连接相贯孔中线两侧的 0″～6″各点所构成的图形，即为所求被展体中的圆锥台开孔展开图。

5）圆锥台展开参照第三章第一节的介绍。

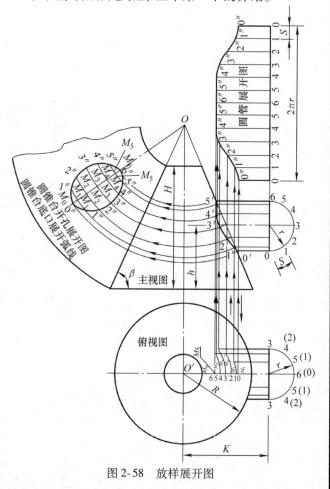

图 2-58 放样展开图

三十、方管平交正圆锥台（图 2-59）展开

1. 已知条件（图 2-60）

已知尺寸 R、a、K、β、h、H，求作展开图。

2. 作放样图（图 2-60 中的主、俯视图）

设方管侧面板分为 4 等份。

1）用已知尺寸，以 1:1 比例在放样平台上，按施工图提供的被展体图样画出主视图，及相对应的俯视图。

2）在主视图上，将方管侧面板端口分为 4 等份，对各等分点编号 0~4，圆锥台顶点用字母 O 表示，对应的俯视图底圆中心点（垂足）用字母 O' 表示。

3）过主视图方管端口 0~4 各点，向左画平行于方管棱线的平行线，与圆锥台斜边交于各点，再过斜边各点向下引垂线，与俯视图圆锥台横向中线交于 0~4 各点。然后，以俯视图 O' 为圆心，以 O' 至中线上 0~4 各点为半径画弧，分别与方管棱边延长线对应相交各点，这时，俯视图上就得到各段弧线，对各段弧线弧长用字母 M_0~M_4 表示。

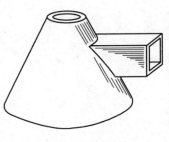

图 2-59　立体图

4）过俯视图各弧线段端点，向上引垂线，与主视图圆锥台斜边上各交点的延长线对应相交 $0'$~$4'$各点，连接 $0'$~$4'$各点所得到的线段即为方管与圆锥台平交的相贯线。

3. 作展开图（图 2-60 中的方管展开图及圆锥台开孔展开图）

1）在主视图方管端口向上延伸一条直线，并在这条直线上截取 0、0 两点，使其间距为 4a，同时，四等分这条线段，其实就是方管的四个面，然后，再将其中间隔的两个面作为方管的侧面，每个面分为四等份 5 个点，编号 0~4，整条线段 11 个点，编号 0~4~0，过这 11 个点向左作一组平行于方管棱线的素线，使各条素线略长于各自对应的放样实长。

2）过主视图方管与圆锥台的相贯线 $0'$~$4'$各点，向上画平行于方管端口延伸线的平行线，与素线对应相交于 $0''$~$4''$~$0''$各点，其中 $0''$、$0''$相邻两点及 $4''$、$4''$相邻两点，分别用半径 r_0 及 r_4 画弧连接，连接两组 $0''$~$4''$各点所构成的图形即为所求被展体中的方管展开图。

3）在主视图圆锥台左侧适当位置，过顶点 O 作一条方管与圆锥台相贯孔的中线，然后，以顶点 O 为圆心，以 O 至 $0'$~$4'$各点与圆锥台斜边的水平相交点为半径，分别在相贯孔中线两侧画弧，使各条弧长略长于各自对应的放样实长。

4）用俯视图上各放样实长弧线段 M_0~M_4，在相贯孔中线两侧各自对应的弧线上截取 $0''$~$4''$各点，连接相贯中线两侧的 $0''$~$4''$各点所构成的图形即为所求被展体中的圆锥台开孔展开图。

5）圆锥台展开参照第三章第一节的介绍。

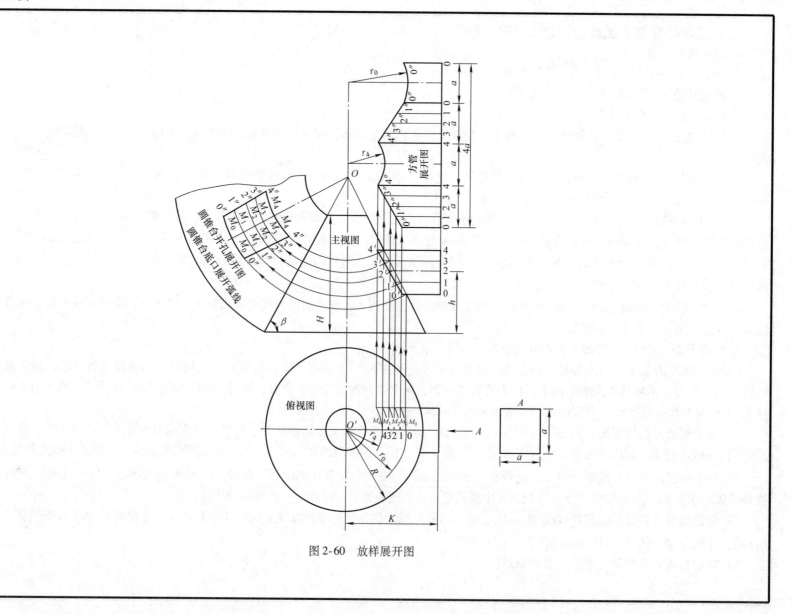

图 2-60　放样展开图

三十一、方管偏心面向直交正方锥台（图2-61）展开

1. 已知条件（图2-62）

已知尺寸 a、b、e、P、h、H，求作展开图。

2. 作放样图（图2-62中的主、俯视图）

1）用已知尺寸，以1:1比例在放样平台上，按施工图提供的被展体图样画出主视图及与主视图相对应的俯视图。

2）在主视图上，向上延长方锥台两侧边棱线交于一点（顶点），用字母 O 表示，与其对应的俯视图中心垂足用字母 O' 表示。

3）主、俯视图方管内板两棱角点编号1，板中点编号3；方管外板两棱角点编号2，板中点编号4。

4）以俯视图垂足 O' 为始点，分别过方管口1、2点各作一条直线，交方锥台底口边两点，过这两点向上引垂线，又与主视图方锥台底口边交于两点，将这两点分别与锥顶 O 连线，又与方管内、外板延长线对应相交 1′、2′ 两点，同时，方管内、外板中线与方锥台侧边棱线分别交于 3′、4′ 两点，连接 3′、1′、2′、4′ 各点，折线 3′~1′~2′~4′ 即为方管与方锥台接合相贯线。

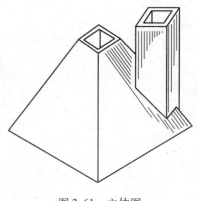

图 2-61　立体图

3. 作展开图（图2-62中的方管、方锥台、开孔展开图）

1）在主视图方管端口向右延伸一条直线，并在这条直线上截取1、1两点，使其间距为 $4e$，同时，4等分这条线段，并按俯视图各点排列顺序编号 1~2~1，含其中两等分段中点3、4，再过各点向下作一组平行于方管棱线的素线，使各条素线略长于各自对应的放样实长。

2）过主视图方管与方锥台相贯线 1′~4′ 各点，向右画平行于方管端口延伸线的平行线，与素线分别对应相交 1″~2″~1″ 各点，连接 1″~2″~1″ 各点所构成的图形即为所求被展体中的方管展开图。

3）以主视图锥台顶点 O 为圆心，以 O 至方锥台底口边端点为半径，向方锥台左侧画弧，并在这条弧线上截取三点，使各两点间弦长为 a，分别用直线连接相邻两点，然后，将这三点分别与顶点 O 连线，构成三条射线，再以 O 为圆心，以 O 至方锥台顶口边端点为半径，向方锥台左侧画弧，与三条射线各交一点，直线连接相邻两点所构成的图形即为所求 1/2 方锥台展开图。该展开图样下料共两件，而其中一件要开孔。

4）以主视图锥台顶点 O 为圆心，分别以 O 至相贯线 3′、4′ 各点为半径，向方锥台左侧画弧，交中间射线于 3″、4″ 两点，然后，分别过 3″、4″ 两点，在中间射线两侧画平行于各自所在同旁射线的平行线，再以顶点 O 为圆心，分别以 O 至相贯线 1′、2′ 两点为半径，向方锥台左侧画弧，交中间射线两侧平行线于 1″、2″ 各点，直线连接中间射线两侧的 1″、2″ 点所构成的图形即为所求被展体中的方锥台开孔展开图。

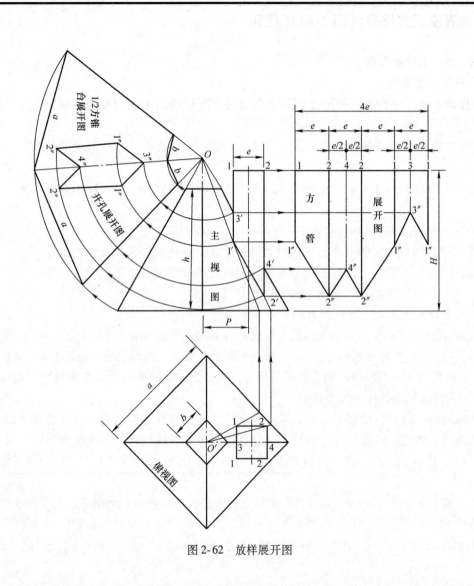

图 2-62 放样展开图

三十二、方管面向平交正方锥台（图 2-63）展开

1. 已知条件（图 2-64）

已知尺寸 a、b、e、P、h、H，求作展开图。

2. 作放样图（图 2-64 中的主、俯视图）

1）用已知尺寸，以 1:1 比例在放样平台上，按施工图提供的被展体图样画出主视图，及与主视图相对应的俯视图，并画出方管口 A 向视图。

2）在主视图上，向上延长方锥台两侧边棱线交于一点（顶点），用字母 O 表示，与其对应的俯视图中心垂足用字母 O' 表示。

3）主、俯视图方管顶板两棱角点编号 1，板中点编号 3；方管底板两棱角点编号 2，板中点编号 4。

4）分别过主视图方管顶、底板中线与方锥台侧边棱线交点 3′、4′向下引垂线，与俯视图方管顶、底板中线对应交于 3、4 两点，然后，分别过 3、4 点各作一条平行于方锥台同旁顶、底口边的直线，分别交方管边延长线于 1、2 两点，线段 1～3、2～4 用字母 f 表示。再过 1、2 两点向上引垂线，与主视图方管顶、底板延长线分别对应相交 1′、2′两点，连接 3′、1′、2′、4′各点，折线 3′～1′～2′～4′即为方管与方锥台接合相贯线。

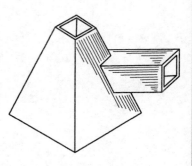

图 2-63　立体图

3. 作展开图（图 2-64 中的方管、方锥台、开孔展开图）

1）在主视图方管端口向上延伸一条直线，并在这条直线上截取 2、2 两点，使其间距为 $4e$，同时，4 等分这条线段，并按 A 向视图各点排列顺序编号 2～1～2，含其中两等分段中点 3、4，再过各点向左作一组平行于方管棱线的素线，使各条素线略长于各自对应的放样实长。

2）过主视图方管与方锥台相贯线 1′～4′各点，向上画平行于方管端口延伸线的平行线，与素线分别对应相交 2″～1″～2″各点，连接 2″～1″～2″各点所构成的图形即为所求被展体中的方管展开图。

3）以主视图锥台顶点 O 为圆心，以 O 至方锥台底口边端点为半径，向方锥台左侧画弧，并在这条弧线上截取三点，使各两点间弦长为 a，分别用直线连接相邻两点，然后，将这三点分别与顶点 O 连线构成三条射线，再以 O 为圆心，以 O 至方锥台顶口边端点为半径，向方锥台左侧画弧，与三条射线各交一点，直线连接相邻两点所构成的图形即为所求 1/2 方锥台展开图，该展开图样下料共两件，而其中一件要开孔。

4）以主视图锥台顶点 O 为圆心，分别以 O 至相贯线 3′、4′各点为半径，向方锥台左侧画弧，交中间射线于 3″、4″两点，再分别过 3″、4″两点，在中间射线两侧画平行于同旁梯形顶、底边的直线，然后，在各条直线分别对应截取间距为 f 的 1″、2″各点。直线连接中间射线两侧 1″、2″点所构成的图形即为所求被展体中的方锥台开孔展开图。

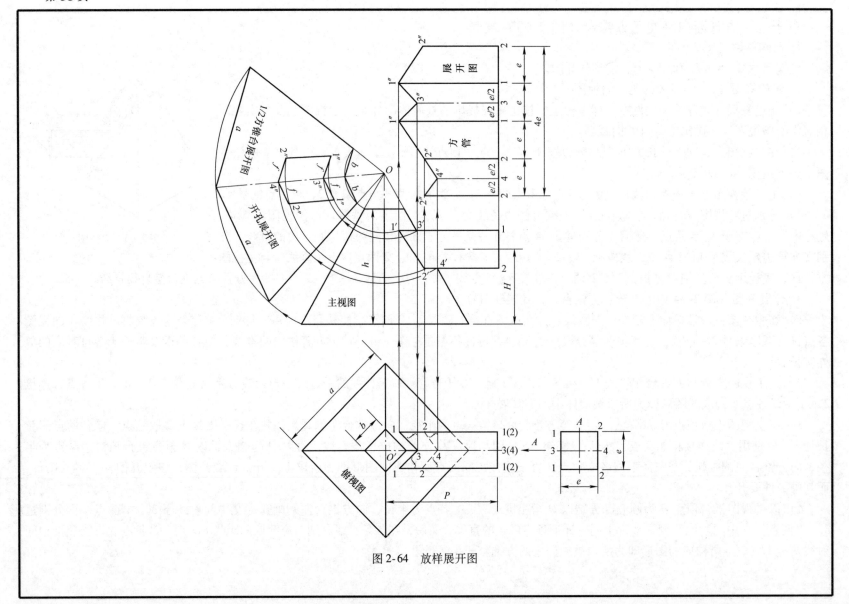

图 2-64　放样展开图

三十三、方管偏心角向直交正方锥台（图2-65）展开

1. 已知条件（图2-66）

已知尺寸 a、b、e、P、h、H，求作展开图。

2. 作放样图（图2-66 中的主、俯视图）

1）用已知尺寸，以1:1比例在放样平台上，按施工图提供的被展体图样画出主视图及与主视图相对应的俯视图。

2）在主视图上，向上延长方锥台两侧边棱线交于一点（顶点），用字母 O 表示，与其对应的俯视图中心垂足用字母 O' 表示。

3）主、俯视图方管口内、侧、外棱角点分别编号1、2、3，主视图方管内、外棱边与方锥台斜边相交点编号1′、3′。

4）以俯视图垂足 O' 为始点，过方管侧棱角点2作一条直线，交方锥台底口边一点，过这一点向上引垂线，又交主视图方锥台底口边于一点，再将这一点与锥台顶点 O 连线，又与方管侧棱边延长线交于2′点，然后直线连接1′、2′、3′各点，折线1′~2′~3′即为方管与方锥台接合相贯线。

3. 作展开图（图2-66 中的方管、方锥台、开孔展开图）

1）在主视图方管端口向右延伸一条直线，并在这条直线上截取1、1两点，使其间距为 $4e$，同时，4等分这条线段，并按俯视图各点排列顺序编号1~3~1，再过各点向下作一组平行于方管棱线的素线，使各条素线略长于各自对应的放样实长。

2）过主视图方管与方锥台相贯线1′~3′各点，向右画平行于方管端口延伸线的平行线，与素线分别对应相交1″~3″~1″各点，连接1″~3″~1″各点所构成的图形即为所求被展体中的方管展开图。

3）以主视图锥台顶点 O 为圆心，以 O 至方锥台底口边端点为半径，向方锥台左侧画弧，并在这条弧线上截取三点，使各两点间弦长为 a，分别用直线连接相邻两点，然后，将这三点分别与顶点 O 连线构成三条射线，再以 O 为圆心，以 O 至方锥台顶口边端点为半径，向方锥台左侧画弧，与三条射线各交一点，直线连接相邻两点所构成的图形即为所求1/2方锥台展开图。

该展开图样下料共两件，而其中一件要开孔。

4）以主视图锥台顶点 O 为圆心，以 O 至相贯线1′、3′点分别为半径，向方锥台左侧画弧，交中间射线于1″、3″两点，然后，过3″点向中间射线两侧各画一条平行于同旁梯形顶、底边的直线，再以顶点 O 为圆心，以 O 至相贯线2′点为半径，向方锥台左侧画弧，交中间射线两侧直线于2″、2″两点，直线连接中间射线两侧1″、2″点所构成的图形即为所求被展体中的方锥台开孔展开图。

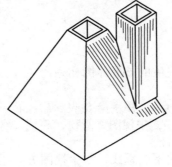

图 2-65 立体图

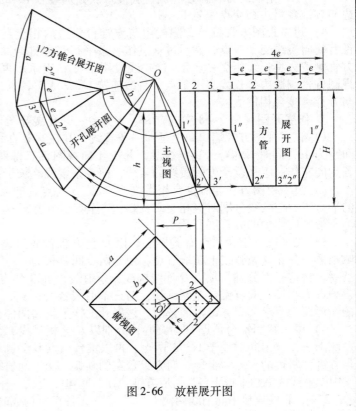

图 2-66 放样展开图

三十四、方管角向平交正方锥台（图2-67）展开

1. 已知条件（图2-68）

已知尺寸 a、b、e、P、h、H，求作展开图。

2. 作放样图（图2-68中的主、俯视图）

1）用已知尺寸，以1∶1比例在放样平台上，按施工图提供的被展体图样画出主视图及与主视图相对应的俯视图，并画出方管口 A 向视图。

2）在主视图上，向上延长方锥台两侧棱边交于一点（顶点），用字母 O 表示。

3）主、俯视图方管口顶、侧、底棱角点分别编号1、2、3，主视图方管顶、底棱边与方锥台斜边相交点编号 $1'$、$3'$。

4）过主视图方管编号2侧棱边与方锥台斜边的相交点向下引垂线，与俯视图方锥台横向棱线交于一点，然后过这点作一条平行于方锥台同旁顶、底口边的直线，与方管侧棱边延长线相交一点2，这一线段用字母 C 表示。再过2点向上引垂线，与主视图方管侧棱边延长线交于 $2'$ 点，直线连接 $1'$、$2'$、$3'$ 各点，折线 $1'\sim2'\sim3'$ 即为方管与方锥台接合相贯线。

3. 作展开图（图2-68中的方管、方锥台、开孔展开图）

1）在主视图方管端口向上延伸一条直线，并在这条直线上截取3、3两点，使其间距为 $4e$，同时，四等分这条线段，并按 A 向视图各点排列顺序编号 $3\sim1\sim3$，再过各点向左作一组平行于方管棱线的素线，使各条素线略长于各自对应的放样实长。

2）过主视图方管与方锥台相贯线 $1'$、$2'$、$3'$ 各点，向上画平行于方管端口延伸线的平行线，与素线分别对应相交 $3''\sim1''\sim3''$ 各点，连接 $3''\sim1''\sim3''$ 各点所构成的图形即为所求被展体中的方管展开图。

3）以主视图锥台顶点 O 为圆心，以 O 至方锥台底口边端点为半径，向方锥台左侧画弧，并在这条弧线上截取三点，使各两点间弦长为 a，分别用直线连接相邻两点，然后，将这三点分别与顶点 O 连线构成三条射线，再以 O 为圆心，以 O 至方锥台顶口边端点为半径，向方锥台左侧画弧，与三条射线各交一点，直线连接相邻两点所构成的图形即为所求 1/2 方锥台展开图。该展开图样下料共两件，而其中一件要开孔。

4）以主视图锥台顶点 O 为圆心，分别以 O 至相贯线 $1'$、$3'$ 各点为半径，向方锥台左侧画弧，交中间射线于 $1''$、$3''$ 两点，再以锥台顶点 O 为圆心，以 O 至方管侧棱边 $2'$ 与方锥台斜边的交点为半径，向方锥台左侧画弧，交中间射线一点，再以这点为始点，在中间射线两侧画平行于各自对应方锥台顶、底边的直线，并在各自直线上截取弦长为 c 的 $2''$ 点，直线连接中间射线两侧 $1''\sim2''$、$2''\sim3''$ 各点所构成的图形即为所求被展体中的方锥台开孔展开图。

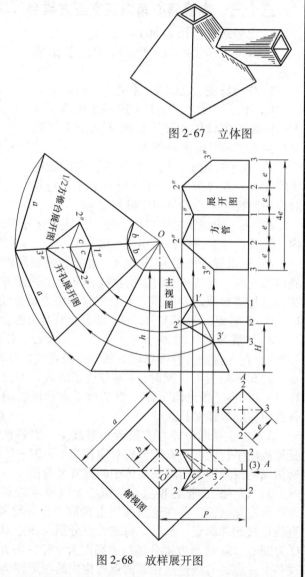

图 2-67 立体图

图 2-68 放样展开图

三十五、圆管偏心直交正方锥台（图 2-69）展开

1. 已知条件（图 2-70）

已知尺寸 a、b、r、P、h、H，求作展开图。

2. 作放样图（图 2-70 中的主、俯视图）

设圆管圆周分为 12 等份。

1）用已知尺寸，以 1:1 比例在放样平台上，按施工图提供的被展体图样画出主视图及与主视图相对应的俯视图，并在主视图圆管端口作 1/2 截面图半圆弧。

2）主、俯视图圆管圆周分为 12 等份，则半圆周为 6 等份，先对主视图圆管半圆周各等分点编号 0～6，再对俯视图圆管圆周各等分点与主视图对应编号 0～6，然后，过下半圆周 1～5 各等分点，向右上方作一组平行于方锥台同旁顶、底口边的直线，与方锥台横向棱线对应相交各点构成一组线段，对各线段用字母 C_1～C_5 表示。圆管圆周每等分段弧长用字母 S 表示。

3）在主视图上，向上延长方锥台两侧边线交于一点（顶点），用字母 O 表示，与其对应的俯视图中心垂足用字母 O' 表示。过圆管端口半圆弧各等分点向下引垂线即为圆管展开基本素线。

4）在俯视图上，以垂足 O' 为始点，过圆管上半圆周各等分点，分别作直线交方锥台底口边于各点，再过各点向上引垂线，交主视图方锥台底边于各点，然后，将各点与锥台顶点 O 连线，分别对应相交圆管各素线于 $0'$～$6'$ 各点，曲线连接 $0'$～$6'$ 各点即为圆管与方锥台接合相贯线。

3. 作展开图（图 2-70 中的圆管、方锥台、开孔展开图）

1）在主视图圆管端口向右延伸一条直线，并在这条直线上截取 0、0 两点，使其间距为 $2\pi r$，同时，12 等分这条线段，并按主、俯视图各等分点排列顺序编号 0～6～0 各点，再过各点向下作一组平行于圆管中轴线的素线，使各条素线略长于各自对应的放样实长。

2）过主视图圆管与方锥台相贯线 $0'$～$6'$ 各点，向右画平行于圆管端口延伸线的平行线，与素线分别对应相交 $0''$～$6''$～$0''$ 各点，曲线连接 $0''$～$6''$～$0''$ 各点所构成的图形即为所求被展体中的圆管展开图。

3）以主视图锥台顶点 O 为圆心，以 O 至方锥台底口边端点为半径，向方锥台左侧画弧，并在这条弧线上截取三点，使各两点间弦长为 a，分别用直线连接相邻两点，然后，将这三点分别与顶点 O 连线构成三条射线，再以 O 为圆心，以 O 至方锥台顶口边端点为半径，向方锥台左侧画弧，与三条射线各交一点，直线连接相邻两点所构成的图形即为所求 1/2 方锥台展开图。该展开图样下料共两件，而其中一件要开孔。

4）以主视图锥台顶点 O 为圆心，以 O 至相贯线 $0'$～$6'$ 各点所作水平线与方锥台左侧棱线交点分别为半径，向方锥台左侧画弧，交中间射线于 $0''$～$6''$ 各点，再过 $1''$～$5''$ 各点，在中间射线两侧画平行于同旁梯形顶、底边的直线，再以俯视图 C_1～C_5 各线段长为间距，分别在中间射线两侧，各自对应的直线上截取 $1°$～$5°$ 各点，曲线连接这两组 $0''$、$1°$～$5°$、$6''$ 各点所构成的图形即为所求被展体中的方锥台开孔展开图。

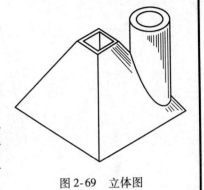

图 2-69　立体图

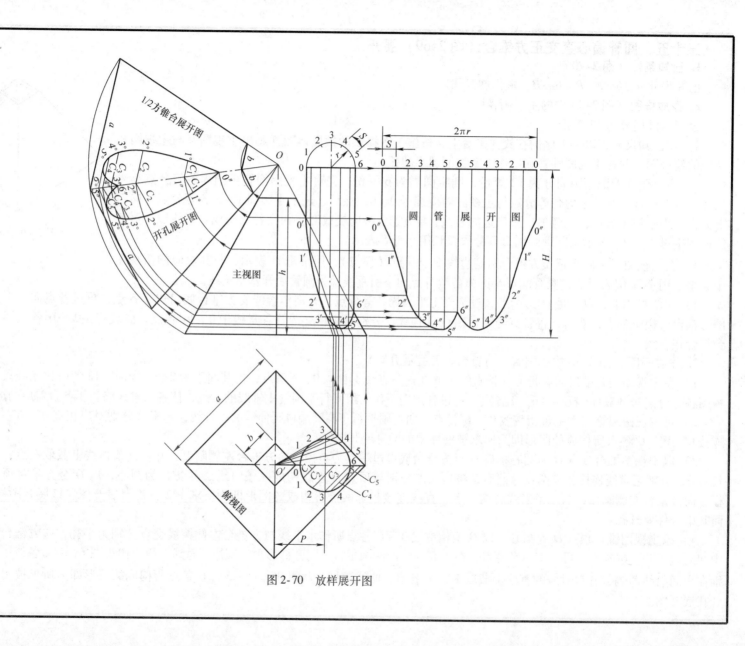

图 2-70　放样展开图

三十六、圆管平交正方锥台（图 2-71）展开

1. 已知条件（图 2-72）

已知尺寸 a、b、r、P、h、H，求作展开图。

2. 作放样图（图 2-72 中的主、俯视图）

设圆管圆周分为 12 等份。

图 2-71 立体图

1）用已知尺寸，以 1:1 比例在放样平台上，按施工图提供的被展体图样画出主视图及与主视图相对应的俯视图，并在主、俯视图圆管端口分别作 1/2 截面图半圆弧。

2）主、俯视图圆管圆周分为 12 等份，则半圆周为 6 等份，先对主视图圆管半圆周各等分点编号 0～6，再对俯视图圆管半圆周各等分点按主视图各点排列对应编号，其 0、1、2 各点，分别与 6、5、4 各点重合。圆管圆周每等分段弧长用字母 S 表示。

3）在主视图上，向上延长方锥台两侧边棱线交于一点（顶点），用字母 O 表示。

4）过主视图圆管半圆周 0～6 各点，向左画平行于圆管中轴线的素线，交方锥台斜边于各点，又过斜边各点向下引垂线，与俯视图方锥台横向棱线交于 0～6 各点，再过这 0～6 各点画一组平行于方锥台同旁顶、底口边的直线，然后，过俯视图圆管半圆周 1～5 各点画水平线，与一组直线分别对应相交于 1～5 各点，再将各点与方锥台横向棱线上 1～5 各点分别对应直线连接，从而得到一组线段，对这组线段用字母 C_1～C_5 表示。

5）过俯视图 C_1～C_5 各线段的端点，及 0、6 各点向上引垂线，与主视图圆管素线的延长线分别对应相交于 0′～6′各点，连接 0′～6′各点所得到的曲线即为圆管与方锥台接合相贯线。

3. 作展开图（图 2-72 中的圆管、方锥台、开孔展开图）

1）在主视图圆管端口向上延伸一条直线，并在这条直线上截取 0、0 两点，使其间距为 $2\pi r$，同时，12 等分这条线段，并按主视图各等分点排列顺序编号 0～6～0 各点，再过各点向左作一组平行于圆管中轴线的素线，使各条素线略长于各自对应的放样实长。

2）过主视图圆管与方锥台相贯线 0′～6′各点，向上画平行于圆管端口延伸线的平行线，与素线分别对应相交于 0″～6″～0″各点，曲线连接 0″～6″～0″各点所构成的图形即为所求被展体中的圆管展开图。

3）以主视图锥台顶点 O 为圆心，以 O 至方锥台底口边端点为半径，向方锥台左侧画弧，并在这条弧线上截取三点，使各两点间弦长为 a，分别用直线连接相邻两点，然后，将这三点分别与顶点 O 连线构成三条射线，再以 O 为圆心，以 O 至方锥台顶口边端点为半径，向方锥台左侧画弧，与三条射线各交一点，直线连接相邻两点所构成的图形即为所求 1/2 方锥台展开图。该展开图样下料共两件，而其中一件要开孔。

4）以主视图锥台顶点 O 为圆心，以 O 至相贯线 0′～6′各点所作水平线与方锥台左侧棱线交点分别为半径，向方锥台左侧画弧，交中间射线于 0″～6″各点，再过 1″～5″各点，在中间射线两侧画平行于同旁梯形顶、底边的直线，再以俯视图 C_1～C_5 各线段长为间距，分别在中间射线两侧，各自对应的直线上截取 1°～5°各点，曲线连接这两组 0″、1°～5°、6″各点所构成的图形即为所求被展体中的方锥台开孔展开图。

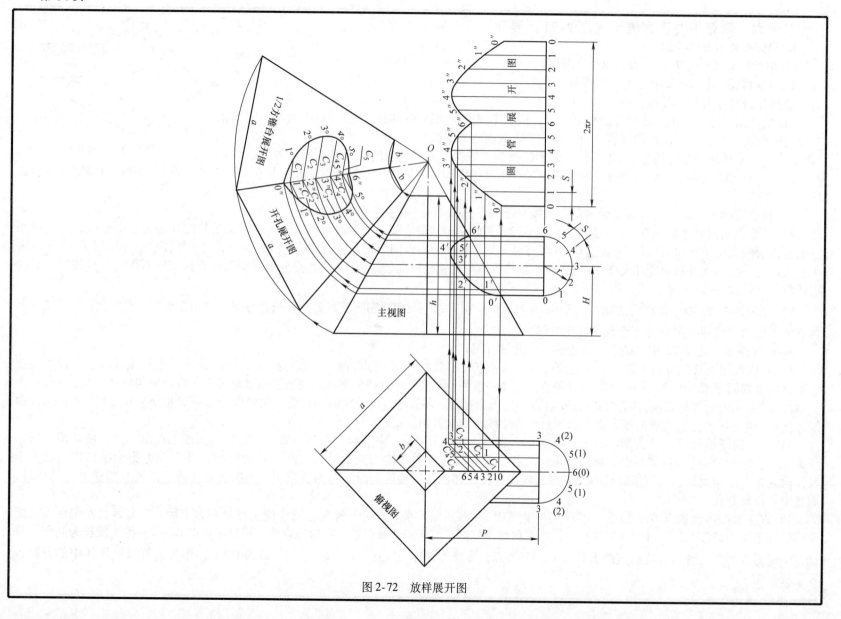

图 2-72 放样展开图

三十七、圆管偏心直交椭圆封头（图2-73）展开

1. 已知条件（图2-74）

已知尺寸 D、g、a、r、P、h，求作展开图。

2. 作放样图（图2-74 中的主、俯视图）

设圆管圆周分为 12 等份。

1) 用已知尺寸以 1:1 比例在放样平台上，按施工图提供的被展体图样画出主视图，及与其相对应的俯视图。主视图中的椭圆封头图样，按第一章第二节所介绍的（图1-40）同心椭圆作图，椭圆封头顶中点，用字母 O 表示，至圆管相贯中点弧长用字母 f 表示。

2) 将俯视图圆管半圆周 6 等分，各等分点依次编号 0～6，圆周每等分段弧长用字母 S 表示。

3) 以俯视图椭圆封头中点 O 为圆心，以 O 至圆管半圆周 0～6 各等分点分别为半径画弧，对应交横向中线于各点，再过各点向上引垂线，与主视图椭圆封头同圆管相贯弧线对应相交 $0'$～$6'$各点。$0'$～$6'$各点至椭圆封头顶中点 O 弧长，为椭圆封头与圆管各相贯点纵弧线段实长，各纵弧线段，带字母编号为 K_0～K_6。俯视图圆管半圆周 0～6 各等分点，至横向中线弧长，为椭圆封头与圆管各相贯点横半弧线段实长，各横半弧线段带字母编号为 M_0～M_6。

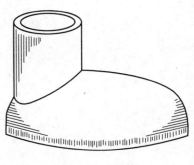

图 2-73　立体图

4) 过主视图 $0'$～$6'$各点，向上画平行于圆管中轴线的平行线，与圆管端口对应相交于 0～6 各点，从而得到一组圆管素线，这组素线就是圆管与椭圆封头相贯实长。

3. 作展开图（图2-74 中的圆管展开图、椭圆封头开孔展开图）

1) 在主视图圆管端口左侧延伸一条直线，并在这条直线上截取 0、0 两点，使其间距为 $2\pi r$，同时 12 等分这条线段，并按主视图排列顺序编号 0～6～0 各点，再分别过各点向下作一组与圆管中轴线平行的素线，使各条素线略长于各自对应的放样实长。

2) 过主视图圆管与椭圆封头相交线 $0'$～$6'$各点，向左侧画平行于圆管端口延伸线的平行线，与各素线对应相交于 $0''$～$6''$～$0''$各点，曲线连接 $0''$～$6''$～$0''$各点所构成的图形，即为所求被展体中的圆管展开图。

3) 过椭圆封头顶中点 O，按施工图提供的圆管所在角度位置一侧，作一条直线，使这条直线略长于 K_6 的放样弧长。以椭圆封头 O 为定点，以弧线段 f 为定长，在这条直线上截取一点，再过这点作一个相互垂直的十字线，这个十字线就是圆管与椭圆封头对接时的参照中线。

4) 以椭圆封头中点 O 为圆心，以主视图 K_0～K_6 各弧线段分别为半径，在直线两侧画弧，使各弧线略长于各自对应的放样实长。用俯视图放样实长弧线段 M_0～M_6，在直线两侧各自对应的弧线上截取 $0'$～$6'$各点，曲线连接直线两侧 $0'$～$6'$各点所构成的图形，即为所求被展体中的椭圆封头开孔展开图。

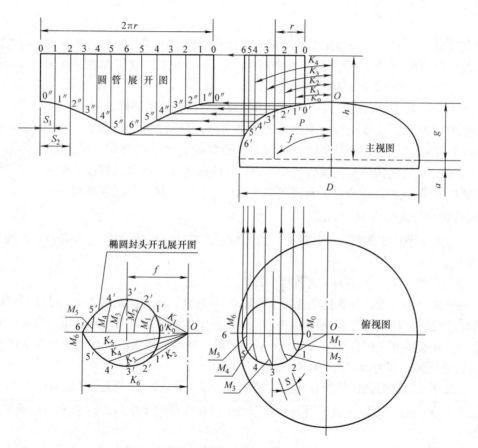

图 2-74 放样展开图

第三章　放射线展开法展开

放射线展开法中，被展体的展开图是由一组有各自长度的、端口有一定间距的，而且还有一公共交点（顶点）的素线构成。也就是说，采用一组射线就可画出被展体展开图的方法就叫放射线展开法。这种方法适用于形体表面的素线能相交于一点的制件，如平口圆锥台或多个平口圆锥台组合件等，其素线把曲面分割成若干个三角形或梯形。用放射线法展开作图，同样也要画出"主、俯视图"或相贯体画出"主、左视图"作为放样图（可用局部俯视图或局部左视图）。若被展体是相贯体，不但要画出各条素线，而且还要用正投影原理找出各素线对应的接合点，从而画出该相贯体的相贯线。主视图上只有平行于投影面的素线才能反映它的实长，多数正投影素线均不是实长，不过，可将俯视图上的各素线公共交点（顶点垂足）作为圆心，分别以交点到各素线端点的距离为半径，用旋转的方法投影至平行于正投影面的直线上，然后，把各点正投影到主视图制件底边上，再分别将各点与顶点连接成素线，这样处理后的主视图所有素线均为实长。而俯视图中只能反映各素线之间的真实距离。

图 3-1　立体图

一、平口正心圆锥台（图 3-1）展开

1. 已知条件（图 3-2）

已知尺寸 D、d、h，求作展开图。

2. 作放样图（图 3-2 中的主视图）

1）用已知尺寸以 1:1 比例在放样平台上，按施工图提供的被展体图样画出主视图，并对主视图圆锥台顶、底两口端分别编号 1′ 和 2′。其实编号 1′2′ 线段就是圆锥台实长斜边。

2）延长 2′1′ 线段与圆锥台中心线交于一点 O，这 O 点就是圆锥台的顶点。

3. 作展开图（图 3-2 中的圆锥台展开图）

1）在主视图中以圆锥台顶点 O 为圆心，以 $O2′$ 为半径，向主视图左侧旋转画圆弧，并在这条圆弧线上截取 2″、2″ 两点，使其两点间弧长为 πD，再过这两点分别与主视图圆锥台顶点 O 连接成两条射线。

2）在主视图中以圆锥台顶点 O 为圆心，以 $O1′$ 为半径，向主视图左侧旋转画圆弧，交两条射线于 1″、1″ 两点，这两点间弧长为 πd，因此，两条弧线与两边射线所构成的图形即为所求平口正心圆锥台展开图。

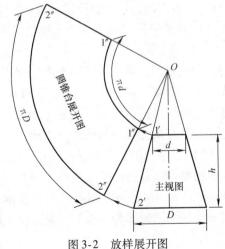

图 3-2　放样展开图

二、平口偏心锐角斜圆锥台（图 3-3）展开

1. 已知条件（图 3-4，锥台顶点垂足在底圆内）

已知尺寸 R、r、h、b，求作展开图。

2. 作放样图（图 3-4 中的主视图及局部俯视图）

设锐角斜圆锥台底口圆周分为 12 等份。

1）用已知尺寸，以 1:1 比例在放样平台上，按施工图提供的被展体图样画出主视图及与主视图斜圆锥台底口边相连的局部俯视图，并延长主视图斜圆锥台两侧边线交于 O 点（顶点），再过斜圆锥台顶点 O 向下引垂线，与斜圆锥台底口边或局部俯视图水平中线交于 O' 点（垂足）。

2）6 等分局部俯视图半圆周，并对各等分点依序编号 0~6，圆周每等分段弧长，用字母 S 表示。然后以垂足 O' 点为圆心，分别以 O' 点至半圆周上 0~6 各点之距为半径画弧，与主视图斜圆锥台底口边交于 0'~6'各点。

3）主视图顶点 O 分别与锐角斜圆锥台底口边 0'~6'各点连线，即得锐角斜圆锥台底口各实长素线。同时，这组素线与斜圆锥台顶口交于 0~6 各点，因此，顶点 O 至 0~6 各点即为锐角斜圆锥台顶口各实长素线。

3. 作展开图（图 3-4 中的锐角斜圆锥台展开图）

1）以主视图顶点 O 为圆心，分别以斜圆锥台底口边各实长素线为半径，在主视图左侧画弧，再以局部俯视图底圆周每等分段弧长 S 为定距，依次截取各相邻弧线，就得到 0″~6″~0″各点，然后将 0″~6″~0″各点分别与主视图顶点 O 连线，从而得到锐角斜圆锥台展开图的基本素线。曲线连接 0″~6″~0″各点，即得锐角斜圆锥台底口展开的弧线，其弧长为 $2\pi R$。

2）以主视图顶点 O 为圆心，分别以斜圆锥台顶口边各实长素线为半径，在锐角斜圆锥台展开图的基本素线上分别对应画弧，交于 0'~6'~0'各点。然后曲线连接这 0'~6'~0'各点，即得锐角斜圆锥台顶口展开的弧线。这时，两弧线与两边射线所构成的图形即为所求平口偏心锐角斜圆锥台展开图。

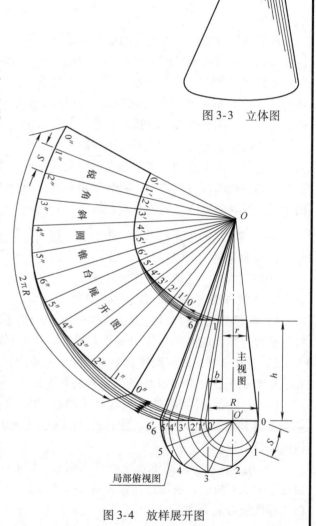

图 3-3　立体图

图 3-4　放样展开图

三、平口偏心直角斜圆锥台（图3-5）展开

1. 已知条件（图3-6 锥台顶点垂足在底圆弧上）

已知尺寸 R、r、h、b，求作展开图。

2. 作放样图（图3-6 中的主视图，及局部俯视图）

设直角斜圆锥台底口圆周分为 12 等份。

1）用已知尺寸，以 1:1 比例在放样平台上，按施工图提供的被展体图样画出主视图及与主视图斜圆锥台底口边相连的局部俯视图，并延长主视图斜圆锥台两侧边线交于 O 点（顶点），再过斜圆锥台顶点 O 向下引垂线，与斜圆锥台底口边或局部俯视图水平中线交于 O' 点（垂足）。

图3-5 立体图

2）6 等分局部俯视图半圆周，并对各等分点依序编号 0~6，圆周每等分段弧长用字母 S 表示。然后以垂足 O' 点为圆心，分别以 O' 点至半圆周上 0~6 各点之距为半径画弧，与主视图直角斜圆锥台底口边交于 0'~6'各点。

3）主视图顶点 O 分别与斜圆锥台底口边 0'~6'各点连线，即得直角斜圆锥台底口各实长素线。同时，这组素线与斜锥台顶口交于 0~6 各点，因此，顶点 O 至 0~6 各点即为直角斜圆锥台顶口各实长素线。

3. 作展开图（图3-6 中的直角斜圆锥台展开图）

1）以主视图顶点 O 为圆心，分别以直角斜圆锥台底口各实长素线为半径，在主视图左侧画弧，再以局部俯视图底圆周每等分段弧长 S 为定距，依次截取各相邻弧线，就得到 0″~6″~0″各点，然后，将 0″~6″~0″各点分别与主视图顶点 O 连线，从而得到直角斜圆锥台展开图的基本素线。曲线连接 0″~6″~0″各点，即得直角斜圆锥台底口展开的弧线，其弧长为 $2\pi R$。

2）以主视图顶点 O 为圆心，分别以直角斜圆锥台顶口边各实长素线为半径，在直角斜圆锥台展开图的基本素线上分别对应画弧，交于 0'~6'~0'各点。然后，曲线连接这 0'~6'~0'各点，即得直角斜圆锥台顶口展开的弧线。这时，两弧线与两边射线所构成的图形即为所求平口偏心直角斜圆锥台展开图。

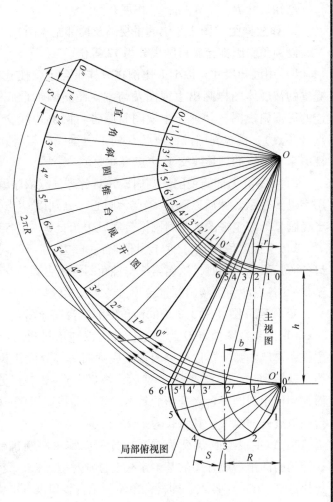

图3-6 放样展开图

四、平口偏心钝角斜圆锥台（图3-7）展开

1. 已知条件（图3-8锥台顶点垂足在底圆外）

已知尺寸 R、r、b、h，求作展开图。

2. 作放样图（图3-8中的主视图及局部俯视图）

设钝角斜圆锥台底口圆周分为12等份。

1）用已知尺寸，以1:1比例在放样平台上，按施工图提供的被展体图样画出主视图及与主视图斜圆锥台底口相连的局部俯视图，并延长主视图斜圆锥台两侧边线交于 O 点（顶点），再过斜圆锥台顶点 O 向下引垂线，与斜圆锥台底口边延长线或局部俯视图水平中线的延长线交于 O' 点（垂足）。

2）6等分局部俯视图半圆周，并对各等分点依序编号0~6，圆周每等分段弧长用字母 S 表示。然后以垂足 O' 点为圆心，分别以 O' 点至半圆周上0~6各点之距为半径画弧，与主视图钝角斜圆锥台底口边相交0'~6'各点。

3）主视图顶点 O 分别与斜圆锥台底口边0'~6'各点连线，即得钝角斜圆锥台底口各实长素线。同时，这组素线与钝角斜圆锥台顶口交于0~6各点，因此，顶点 O 至0~6各点即为钝角斜圆锥台顶口各实长素线。

3. 作展开图（图3-8中的钝角斜圆锥台展开图）

1）以主视图顶点 O 为圆心，分别以钝角斜圆锥台底口各实长素线为半径，在主视图左侧画弧，再以局部俯视图底圆周每等分段弧长 S 为定距，依次截取相邻弧线，就得到0″~6″~0″各点，然后，将0″~6″~0″各点分别与主视图顶点 O 连线，从而得到钝角斜圆锥台展开图的基本素线，曲线连接0″~6″~0″各点，即得钝角斜圆锥台底口展开的弧线，其弧长为 $2\pi R$。

2）以主视图顶点 O 为圆心，分别以钝角斜圆锥台顶口边各实长素线为半径，在钝角斜圆锥台展开图的基本素线上分别对应画弧，交于0'~6'~0'各点，然后曲线连接这0'~6'~0'各点，即得钝角斜圆锥台顶口展开的弧线。这时，两弧线与两边射线所构成的图形即为所求平口偏心钝角斜圆锥台展开图。

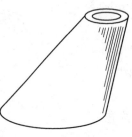

图3-7 立体图

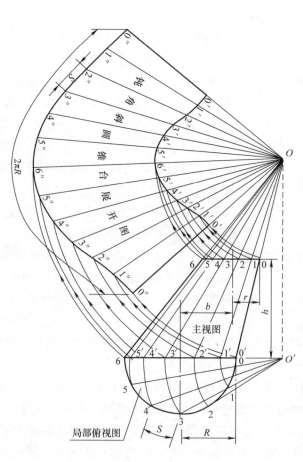

图3-8 放样展开图

五、平口正长圆锥台（图3-9）展开

1. 已知条件（图3-10）

已知尺寸 r、R、b、h，求作展开图。

2. 作放样图（图3-10中的主视图及与主视图锥底边相连的1/2俯视图）

1）用已知尺寸，以1:1比例在放样平台上，按施工图提供的被展体图样画出主视图及与主视图锥底边相连的1/2俯视图，并对主视图锥顶和锥底两口端分别编号 1′和2′，其实编号 1′2′线段就是长圆锥台的实长斜边。

2）延长 2′1′线段与锥台过渡中心线交于一点 O，这 O 点就是锥台的顶点。

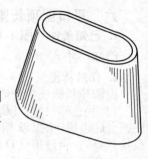

图3-9　立体图

3. 作展开图（图3-10中的长圆锥台展开图）

1）在主视图中以锥台顶点 O 为圆心，$O2′$ 为半径，向主视图左侧旋转画圆弧，并在这条圆弧线上截取 2″、2″两点，使其两点间弧长为 πR，再分别过这两点与主视图锥台顶点 O 连接成两条射线。

2）在主视图中以锥台顶点 O 为圆心，以 $O1′$ 为半径，向主视图左侧旋转画圆弧，交两条射线 1″、1″两点，这两点间弧长为 πr，至此，两条弧线与两条射线就构成了一个扇形。

3）在扇形的左侧，过 2″点向外作一条垂直于 2″1″线段的直线，并在这条直线上截取一点 2″，使 2″、2″两点间的长度为 b，再过 1″点作一条平行于 2″2″线段的直线，并在这条直线上截取一点 1″，使 1″、1″两点间的长度也为 b，最后直线连接 1″、2″两点，与扇形所构成的图形即为 1/2 正长圆锥台展开图。这图样下料共两件，组合成一个完整的平口正长圆锥台。

说明：该被展体制件，是由两个相同的半正圆锥管和两个相同的矩形板对称组合而成。

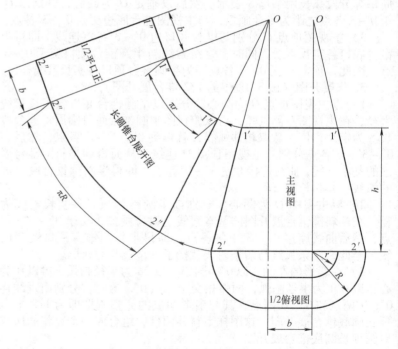

图3-10　放样展开图

六、平口圆顶长圆底锥台（图3-11）展开

1. 已知条件（图3-12）

已知尺寸 r、R、b、h，求作展开图。

2. 作放样图（图3-12中的主视图及1/2俯视图）

设圆顶长圆底锥台底口半圆周分为6等份。

1）用已知尺寸，以1:1比例在放样平台上，按施工图提供的被展体图样画出主视图及与主视图圆顶长圆底锥台底边相连的1/2俯视图，并延长主视图半圆锥台两侧边线交于 O 点（顶点），再过顶点 O 向下引垂线，与主视图锥台底口边或俯视图水平中线交于 O' 点（垂足）。

2）3等分俯视图1/2半圆周，并对各等分点依序编号0~3，圆周每等分段弧长用字母 S 表示。然后以垂足 O' 为圆心，分别以 O' 点至0~3各点之距为半径画弧，与主视图锥台底边交于0'~3'各点。

3）主视图顶点 O 分别与锥台底口边0'~3'各点连线，即得半圆锥台底口各实长素线，同时，这组素线与半圆锥台顶口交于0~3各点，因此，顶点 O 至0~3各点即为半圆锥台顶口各实长素线。

3. 作展开图（图3-12中的1/2锥台展开图）

1）以主视图顶点 O 为圆心，分别以半圆锥台底口各实长素线为半径，在主视图左侧画弧，再以俯视图半圆锥台底口圆周每等分段弧长 S 为定距，依次截取相邻弧线，就得到0"~3"~0"各点，然后，将0"~3"~0"各点分别与主视图顶点 O 连线，从而得到半斜圆锥台展开图的基本素线，曲线连接0"~3"~0"各点，即得半斜圆锥台底口展开的弧线，其弧长为 πR。

2）以主视图 O 为圆心，分别以半圆锥台顶口各实长素线为半径，在半斜圆锥台展开图的基本素线上对应画弧，交于0'~3'~0'各点，然后曲线连接0'~3'~0'各点，即得半斜圆锥台顶口展开的弧线。至此，两条弧线与两条射线就构了一个展开的扇形。

3）在扇形的左侧，以0"为圆心，以 $2b$ 为半径画弧，再以0'为圆心，以0'0"为半径画弧，两弧相交于一点0"，这时，分别用直线连接0"、0"两点和0"、0'两点，其与扇形构成的完整图形即为1/2平口圆顶长圆底锥台展开图。这图样下料共两件，组合成一个完整的所求平口圆顶长圆底锥台展开图。

说明：该被展体制件是由两个同样的半钝角斜圆锥和两个相同的等腰三角形板对称组合而成的。

图3-11 立体图

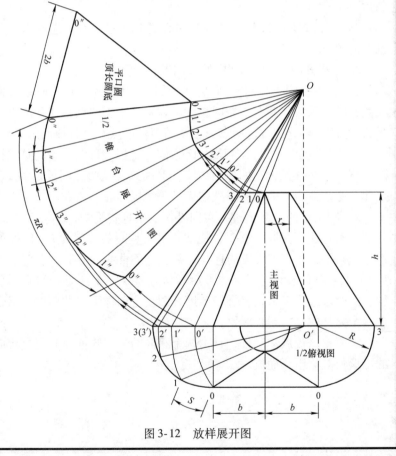

图3-12 放样展开图

七、圆锥管 V 形三通（图 3-13）展开

1. 已知条件（图 3-14）

已知尺寸 r、R、b、h，求作展开图。

2. 作放样图（图 3-14 中的主视图、局部俯视图）

设三通底口圆周分为 12 等份。

1）用已知尺寸，以 1∶1 比例在放样平台上，按施工图提供的被展体图样画出主视图及与主视图底口相连的局部俯视图，并延长主视图一支管两边线交于 O 点（顶点），顶点 O 向下引垂线，与主视图支管底口边或局部俯视图水平中线的延长线交于 O' 点（垂足）。

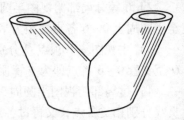

图 3-13 立体图

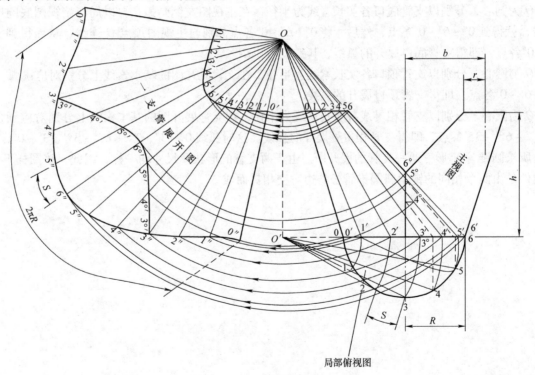

图 3-14 放样展开图

2）6 等分局部俯视图半圆周，并对各等分点依序编号 0~6，圆周每等分段弧长用字母 S 表示。然后以垂足 O' 点为圆心，分别以 O' 至半圆周上 0~6 各点之距为半径画弧，与主视图支管底口边相交 0'~6'各点。

3）主视图支管顶点 O 分别与其底口 0'~6'各点连线，即得支管底口各实长素线。同时，这组素线与支管顶口交于 0~6 各点，顶点 O 至支管 0~6 各点即为支管顶口各实长素线。

4）过局部俯视图半圆周 3~6 各点向上引垂线，分别与支管底口边相交各点，再过各点与支管顶点 O 用虚线连线，又与两支管相贯线分别相交各点，又再过各点向右引水平线，又与各自对应支管底口实长素线交于 3°~6°各点，因此，支管顶点 O 至 3°~6°各点，即为支管相贯线各实长素线。

3. 作展开图（图 3-14 中的一支管展开图）

1）以主视图顶点 O 为圆心，分别以支管底口各实长素线为半径，在主视图左侧画弧，再以局部俯视图底圆周每等分段弧长 S 为定距，依次截取相邻弧线，就得到 0″~6″~0″各点，然后，将 0″~6″~0″各点分别与主视图顶点 O 连线，从而得到一支管展开图的基本素线，曲线连接 0″~6″~0″各点，即得支管底口展开的弧线，其弧长为 $2\pi R$。

2）以主视图顶点 O 为圆心，分别以支管顶口各实长素线为半径，在支管展开图的基本素线上分别对应画弧，交于 0'~6'~0'各点，然后，曲线连接这 0'~6'~0'各点，即得支管顶口展开的弧线。

3）以主视图顶点 O 为圆心，分别以支管相贯线各实长素线为半径，在支管展开图的基本素线上分别对应画弧，交于 3°'~6°'~3°'各点，然后曲线连接 3°'~6°'~3°'各点，即得支管相贯处展开的弧线。这时弧线 0″~3″、3°'~6°'~3°'、3″~0″，弧线 0'~6'~0'及两条射线所构成的图形即为所求圆锥管 V 形三通一支管的展开图。由于两支管的形状及尺寸均一样，因此，该图样下料共两件。

说明：该被展体制件是由两个相同的钝角斜圆锥管长斜边对交相贯而成。

八、圆锥管 Y 形正三通（图3-15）展开

1. 已知条件（图3-16）

已知尺寸 r、R、h，求作展开图。

2. 作放样图（图3-16 中的主视图）

设三通支管端口圆周分为 12 等份。

1）用已知尺寸，以 1:1 比例在放样平台上，按施工图提供的被展体图样画出主视图。同时在一支管端口作 1/2 截面图半圆弧，并延长支管两边线交于 O 点（顶点）。

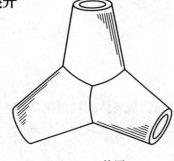

图3-15　立体图

2）3 等分支管端口 1/2 半圆周，圆周每等分段弧长用字母 S 表示。并过各等分点向下引垂线，交支管端口于各点，然后对各点依序编号 0～3。

3）以支管顶点 O 为始点，分别过支管端口 0～3 各点引线，与相贯线对应相交各点，再过相贯线各点画水平线，与支管边延长线分别对应相交 0′～3′ 各点，顶点 O 至 0′～3′ 各点即为三通支管展开各实长素线。

3. 作展开图（图3-16 中的一支管展开图）

1）以主视图顶点 O 为圆心，以 OO 为半径，向主视图支管左侧旋转画圆弧，并在这条圆弧线上截取 0′、0′ 两点，使其两点间弧长为 $2\pi r$，然后对这段圆弧分为 12 等份，并按主视图排列顺序编号 0′～0′～0′ 各点。

2）以主视图顶点 O 为始点，分别过 0′～0′～0′ 各点作一组射线（其实就是支管展开素线），使各条射线（素线）略长于各自对应的放样实长。

3）以主视图顶点 O 为圆心，以 O 至 0′～3′ 各点支管展开实长素线为半径，在左侧一组射线（支管展开素线）上对应截取 0″～0″～0″ 各点，曲线连接 0″～0″～0″ 各点，即得支管相贯处展开的弧线。这时弧线 0″～0″～0″ 和 0′～0′～0′，以及两条射线所构成的图形即为所求三通一支管展开图。由于三通的三个支管形状及尺寸均一样，因此支管展开图样下料共三件。

说明：该被展体制件，是由三个相同的平口正圆锥管等角平交相贯而成。

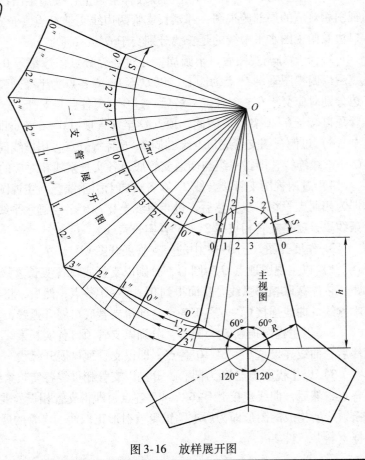

图3-16　放样展开图

九、圆锥管放射形正四通（图 3-17）展开

1. 已知条件（图 3-18）

已知尺寸 r、R、P、h，求作展开图。

2. 作放样图（图 3-18 中的局部主视图和局部俯视图）

设支管底口圆周分为 12 等份。

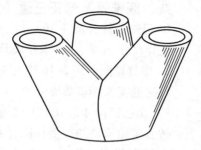

图 3-17 立体图

1）用已知尺寸，以 1:1 比例在放样平台上，按施工图提供的被展体图样画出局部主视图及与主视图相对应的局部俯视图，并延长支管两边线交于 O 点（顶点），过顶点 O 向下引垂线，与主视图底口边及俯视图水平中线的延长线分别交于 O' 点（垂足）。

2）6 等分俯视图底口半圆周，并对各等分点依序编号 0～6，圆周每等分段弧长用字母 S 表示。然后以俯视图垂足 O' 点为圆心，以 O' 至 0～6 各点为半径画弧，与俯视图水平中线交于各点，再过各点向上引垂线，与主视图支管底口边分别对应交于 0'～6'各点，最后，过 0'～6'各点与支管顶点 O 用细实线连线，即得一组四通支管底口各实长素线。同时这组素线与支管顶口交于 0～6 各点，因此，顶点 O 至支管顶口 0～6 各点即为支管顶口各实长素线。

3）过俯视图支管底口上半圆周 2～6 各等分点，用虚线向上引垂线，与主视图支管底口边对应相交各点，再过各点分别与支管顶点 O 用虚线连线，即得一组与四通支管底口各实长素线相对应的投影素线。

4）过俯视图支管接合线 2～6 各点向上引垂线，与主视图各自对应的投影素线分别相交 2°～6°各点，曲线连接 2°～6°各点的弧线，即为四通支管相贯线。然后，过相贯线上 2°～6°各点画水平线，与支管底口各实长素线分别对应相交各点，各点与顶点 O 所构成的各条线段，就是支管相贯线 2°～6°各实长素线。

3. 作展开图（图 3-18 中的一支管展开图）

1）以主视图顶点 O 为圆心，分别以支管底口各实长素线为半径，在主视图左侧画弧，再以俯视图底圆圆周每等分段弧长 S 为定距，依序截取相邻弧线，从而得到 0″～6″～0″各点，然后，将 0″～6″～0″各点分别与主视图顶点 O 连线，从而得到一组支管展开图的基本素线。曲线连接 0″～6″～0″各点，即得支管底口展开弧线，其弧长为 $2\pi R$。

2）以主视图顶点 O 为圆心，分别以支管顶口各实长素线为半径，在支管展开图的基本素线上分别对应画弧，交于 0'～6'～0'各点，然后，曲线连接这 0'～6'～0'各点，即得支管顶口展开弧线。

3）以主视图顶点 O 为圆心，分别以支管相贯线各实长素线为半径，在支管展开图的基本素线上分别对应画弧，交于 2°'～6°'～2°'各点，然后，曲线连接 2°'～6°'～2°'各点，即得支管相贯处展开的弧线。这时弧线 0″～2″、2°'～6°'～2°'、2″～0″、弧线 0'～6'～0'及两条射线所构成的图形即为所求圆锥管放射形正四通一支管的展开图。由于四通是由三个形状及尺寸均相同的支管组成的，因此该展开图样下料共三件。

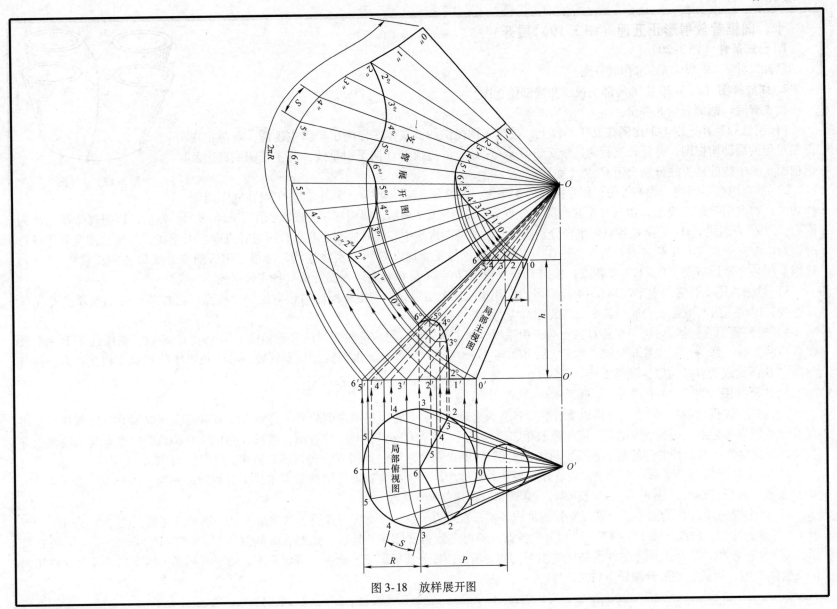

图 3-18　放样展开图

十、圆锥管放射形正五通（图 3-19）展开

1. 已知条件（图 3-20）

已知尺寸 r、R、P、h，求作展开图。

2. 作放样图（图 3-20 中的局部主视图和局部俯视图）

设支管底口圆周分为 8 等份。

1）用已知尺寸，以 1:1 比例在放样平台上，按施工图提供的被展体图样画出局部主视图，及与主视图相对应的局部俯视图，并延长支管两边线交于 O 点（顶点），过顶点 O 向下引垂线，与主视图底口边及俯视图水平中线的延长线分别交于 O' 点（垂足）。

图 3-19　立体图

2）俯视图底口圆周分为 8 等份，则半圆周为 4 等份，各等分点编号 0～4，另外，过 O' 点在底圆两侧作切线，切点用字母 C 表示，切点 C 至底圆周等分点 1 弧长用字母 f 表示，圆周每等分段弧长用字母 S 表示。然后，以俯视图垂足 O' 为圆心，以 O' 至圆周上 0～4 及 C 各点为半径分别画弧，与俯视图水平中心线对应交于各点，再过各点向上引垂线，与主视图支管底口边分别对应相交于 $0'$～$4'$ 及 C' 各点。最后，过 $0'$～$4'$ 及 C' 各点与支管顶点 O 用细实线连线，即得一组五通支管底口各实长素线。同时，这组素线与支管顶口交于 0～4 及 C 各点，顶点 O 至支管顶口 0～4 及 C 各点即为支管顶口各实长素线。

3）过俯视图支管底口上半圆周 0～4 及 C 各点，用虚线向上引垂线，与主视图底口边对应相交各点，再过各点分别与顶点 O 用虚线连线，即得一组与五通支管底口各实长素线相对应的投影素线。

4）过俯视图支管接合线 1～4 及 C 各点向上引垂线，与主视图各自对应的投影素线分别相交 1°～4° 及 C° 各点，曲线连接 1°～4° 及 C° 各点的弧线，即为五通支管相贯线。然后，过相贯线上 1°～4° 及 C° 各点画水平线，与支管底口各实长素线分别对应相交各点，各点与顶点 O 所构成的各条线段，就是支管相贯线 1°～4° 及 C° 各实长素线。

3. 作展开图（图 3-20 中的一支管展开图）

1）以主视图顶点 O 为圆心，分别以支管底口各实长素线为半径，在主视图左侧画弧，分别再以俯视图底圆周每等分段弧长 S 及切点 C 至底圆周等分点 1 弧长 f 为定距，依序截取相邻弧线，从而得到 $0''$～$4''$～$0''$ 及 C'' 各点，然后，将 $0''$～$4''$～$0''$ 及 C'' 各点与主视图顶点连线，从而得到一组支管展开的基本素线。曲线连接 $0''$～$4''$～$0''$ 及 C'' 各点，即得支管底口展开弧线，其弧长为 $2\pi R$。

2）以主视图顶点 O 为圆心，分别以支管顶口各实长素线为半径，在支管展开图的基本素线上分别对应画弧，分别交于 $0'$～$4'$～$0'$ 及 C' 各点，然后，曲线连接 $0'$～$4'$～$0'$ 及 C' 各点，即得支管顶口展开弧线。

3）以主视图顶点 O 为圆心，分别以支管相贯线各实长素线为半径，在支管展开图的基本素线上分别对应画弧，交于 $1^{\circ\prime}$～$4^{\circ\prime}$～$1^{\circ\prime}$ 及 $C^{\circ\prime}$ 各点，然后，曲线连接 $1^{\circ\prime}$～$4^{\circ\prime}$～$1^{\circ\prime}$ 及 $C^{\circ\prime}$ 各点，即得支管相贯处展开弧线，这时，弧线 $0''$～$1''$、$1^{\circ\prime}$～$4^{\circ\prime}$～$1^{\circ\prime}$、$1''$～$0''$ 和 $C^{\circ\prime}$，弧线 $0'$～$4'$～$0'$ 和 C'，以及两条射线所构成的图形，即为所求圆锥管放射形正五通一支管展开图。由于五通是由四个形状及尺寸均相同的支管组成的，因此，该展开图样下料共四件。

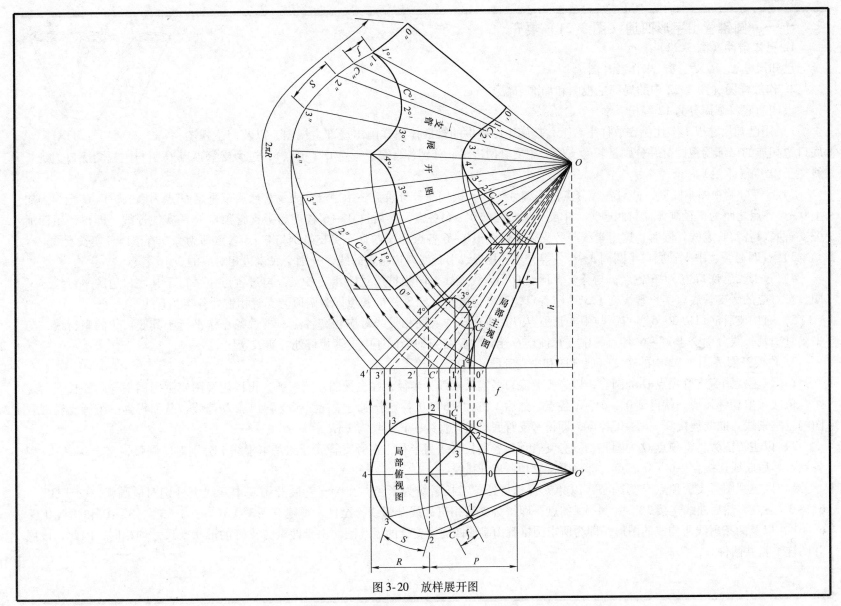

图 3-20　放样展开图

十一、圆锥管山字形四通（图 3-21）展开

1. 已知条件（图 3-22）

已知尺寸 r、R、P、h，求作展开图。

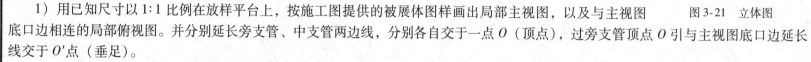

图 3-21 立体图

2. 作放样图（图 3-22 中的局部主视图和局部俯视图）

设四通底口圆周分为 12 等份。

1）用已知尺寸以 1:1 比例在放样平台上，按施工图提供的被展体图样画出局部主视图，以及与主视图底口边相连的局部俯视图。并分别延长旁支管、中支管两边线，分别各自交于一点 O（顶点），过旁支管顶点 O 引与主视图底口边延长线交于 O' 点（垂足）。

2）6 等分俯视图半圆周，并对各等分点依序编号 0~6，圆周每等分段弧长用字母 S 表示。然后以垂足 O' 点为圆心，以 O' 至半圆周上 0~6 各点之距为半径画弧，与四通旁、中支管底口相交 0'~6' 各点，然后过 0'~6' 各点与旁支管顶点 O 用实线连线，即得一组四通旁支管底口各实长素线。同时，这组素线与旁支管顶口交于 0~6 各点，顶点 O 至旁支管顶口 0~6 各点即为旁支管顶口各实长素线。

3）过四通旁、中支管底口半圆周 3~6 各等分点，用虚线引与底口边垂直的线，分别交底口边相对应的 3~6 各点。

4）过旁支管底口边 3~6 各点，与旁支管顶点 O 用虚线连线，同相贯线对应相交各点，再过各点作平行于其底口边的平行线，又同各自对应的旁支管底口实长素线交于 3°~6° 各点，旁支管顶点 O 至 3°~6° 各点即为四通旁支管相贯处各实长素线。

5）过中支管底口边 3~6 各点，与中支管顶点 O 用虚线连线，同相贯线对应相交各点，再过各点作平行于其底口边的平行线，与中支管边延长线分别交于 3°~6° 各点，中支管顶点 O 至 3°~6° 各点即为四通中支管相贯处各实长素线。

3. 作展开图（图 3-22 中的旁支管展开图和中支管展开图）

1）以主视图旁支管顶点 O 为圆心，以旁支管底口各实长素线为半径，在主视图左侧画弧，再以俯视图底圆圆周每等段弧长 S 为定距，依次截取相邻弧线，就得到 0″~6″~0″ 各点，然后，将 0″~6″~0″ 各点分别与主视图旁支管顶点 O 连线，从而得到一组旁支管展开图的基本素线。曲线连接 0″~6″~0″ 各点，即得旁支管底口展开弧线，其弧长为 $2\pi R$。

2）以主视图旁支管顶点 O 为圆心，以旁支管顶口各实长素线为半径，在旁支管展开图基本素线上分别对应画弧，交于 0'~6'~0' 各点，然后曲线连接 0'~6'~0' 各点，即得旁支管顶口展开弧线。

3）以主视图旁支管顶点 O 为圆心，以旁支管相贯处各实长素线为半径，在旁支管展开图基本素线上分别对应画弧，交于 3°'~6°'~3°' 各点，然后曲线连接 3°'~6°'~3°' 各点，即得旁支管相贯处展开弧线，至此，弧线 0″~3″、3°'~6°'~3°'、3″~0″ 和弧线 0'~6'~0'，以及两条射线所构成的图形，即为所求圆锥管山字形四通旁支管的展开图。由于两个旁支管的形状及尺寸均相同，因此，该展开图样下料共两件。

4）以主视图中支管顶点 O 为圆心，以中支管顶点 O 至其底口端点 6 为半径，向主视图中支管右侧旋转画圆弧，并在这条圆弧线上截取 6、6 两点，使其两点间弧长为 $2\pi R$。然后对这段圆弧分为 12 等份，并按主视图中支管各点排列顺序编号 6~6~6 各点。再将 6~6~6 各点分别与中支管顶点 O 连线，即得一组中支管展开基本素线。

5）以主视图中支管顶点 O 为圆心，以中支管相贯处各实长素线为半径，在中支管展开基本素线上分别对应画弧，交于 6°′~6°′~6°′ 各点，然后曲线连接 6°′~6°′~6°′ 各点，即得中支管相贯处展开弧线。

6）以主视图中支管顶点 O 为圆心，以中支管顶点 O 至其顶口端点为半径，在中支管展开基本素线上画圆弧，这时，此圆弧和中支管相贯处展开弧线，以及两条射线线段所构成的图形，即为所求被展体圆锥管山字形四通中支管展开图。

说明：该被展体制件是由两个相同的钝角斜圆锥管长斜边对交，而且此两斜圆锥管中间正插一个同口径同垂直高度的正圆锥管平交相贯而成。

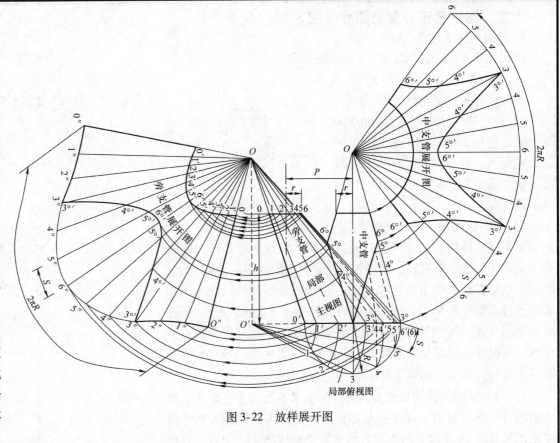

图 3-22　放样展开图

十二、圆锥管正心直交圆管（图3-23）展开

1. 已知条件（图3-24）

已知尺寸 R、r、β、h、K、L 求作展开图。

2. 作放样图（图3-24 中的主、左视图）

设圆锥管相贯圆周分为12 等份。

1）用已知尺寸以 1:1 比例在放样平台上，按施工图提供的被展体图样画出左视图，及与其相对应的主视图。并延长左视图圆锥管两侧斜边线交于一点，即圆锥管顶点，用字母 O 表示。

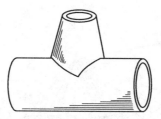

图 3-23　立体图

2）在左视图中，圆锥管两侧斜边线与相贯圆管圆周弧各交一点，直线连接这两点的弦，即为圆锥管与圆管相贯投影圆直径，则半弦长就是投影圆的半径，用字母 b 表示。然后在相贯弦下方作半圆弧，并6 等分半圆周，则 1/4 圆周各等分点编号为 $0\sim3$，每等分段弧长用字母 S 表示。过 $0\sim3$ 各点向上引垂线，与相贯弦对应相交各点，再过各点分别与顶点 O 连线，这组连线同时与相贯圆弧对应相交 $0\sim3$ 各点，各点至相贯圆弧中点实长弧线，用带字母编号 $M_0\sim M_3$ 表示。

3）过左视图圆锥管顶点 O，向左侧引水平线与主视图圆锥管中轴线对应交于 O 点，即主视图圆锥管顶点。再向左侧水平延伸左视图相贯弦 $2b$ 线段，与主视图圆锥管中轴线交于一中点，并在这一中点两侧延伸直线上各截取间距为 b 的点，则这两点间距为 $2b$ 的线段，即为主视图圆锥管与圆管相贯投影直径。然后在这条线段下方作半圆弧，并6 等分半圆周，按左视图各等分点排列顺序对应编号 $0\sim3$，过 $0\sim3$ 各点向上引垂线，与对应线段交于 $0\sim3\sim0$ 各点，再将线段上的 $0\sim3\sim0$ 各点分别与顶点连线，即得主视图圆锥管基本素线。

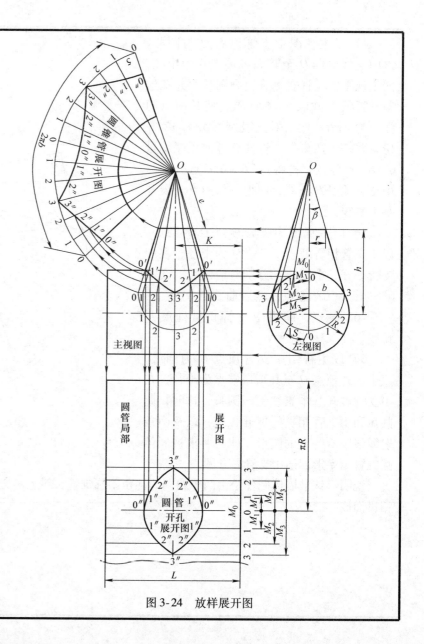

图 3-24　放样展开图

4）向左侧水平延伸左视图圆锥管端口边线，与主视图圆锥管基本素线相交的线段为主视图圆锥管端口，端口外侧端点至顶点 O 线段即为圆锥管端展开实长素线，用字母 e 表示。过左视图相贯弧 0~3 各点，向左侧引水平线，与主视图圆锥管基本素线对应相交 0′~3′~0′ 各点，曲线连接 0′~3′~0′ 各点所构成的弧线，即为主视图圆锥管与圆管的相贯线。过相贯线上 0′~3′ 各点作水平线，与圆锥管外侧斜边延伸线交于各点，各交点至圆锥管顶点 O 各线段，即为圆锥管相贯口展开实长素线。

3. 作展开图（图 3-24 中的圆锥管展开图及圆管开孔展开图）

1）以主视图圆锥管顶点 O 为圆心，以顶点 O 至圆锥管相贯投影直径端点 0 为半径，向主视图左侧旋转画弧，并在这条圆弧线上截取 0、0 两点，使其两点间弧长为 $2\pi b$，再 12 等分这段圆弧，使每等分段弧长为 S，各等分点按主视图排列顺序编号 0~0~0，然后过 0~0~0 各点分别与顶点 O 连线，即得一组圆锥管展开基本素线。

2）以主视图圆锥管顶点 O 为圆心，以顶点 O 至相贯线 0′~3′ 各实长素线为半径，向主视图左侧旋转画弧，与基本素线分别对应相交 0″~0″~0″ 各点，然后曲线连接 0″~0″~0″ 各点，从而得到圆锥管相贯口展开弧线。再以顶点 O 为圆心，以实长素线 e 为半径，向主视图左侧旋转画弧，与基本素线相交后，得到圆锥管端口展开弧线。至此，两弧线与两边射线所构成的图形，即为所求被展体中的圆锥管展开图。

3）在主视图圆管正下方对应作出圆管局部展开图，并在局部展开图上画出平行于主视图圆管轴线的相贯孔中线，然后，以左视图 M_0~M_3 各弧长（展平）为间距，在所作中线两侧画平行线，从而得到圆管相贯孔横向基本素线，各素线编号 3~0~3。

4）分别过主视图相贯线 0′~3′~0′ 各点向下引垂线，与展开图相贯孔中线两侧横向基本素线分别对应相交两组 3″~0″~3″ 各点，然后曲线连接这两组 3″~0″~3″ 各点所构成的图形，即为所求被展体中的圆管开孔展开图。

十三、圆管正心斜交圆管（图3-25）展开

1. 已知条件（图3-26）

已知尺寸 R、r、β、Q、h、K、L 求作展开图。

2. 作放样图（图3-26 中的主、左视图）

设圆锥管相贯圆周分为12等份。

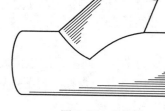

图 3-25　立体图

1）用已知尺寸以 1:1 比例在放样平台上，按施工图提供的被展体图样画出左视图，及与其相对应的主视图，并延长左视图圆锥管两侧斜边线交于一点，即圆锥管顶点，用字母 O 表示。

2）在左视图中，圆锥管两侧斜边线与相贯圆管圆周弧各交一点，直线连接这两点的弦，即为圆锥管与圆管相贯投影圆直径，则半弦长就是投影圆的半径，用字母 b 表示。然后在相贯弦下方作半圆弧，并6等分半圆周，各等分点编号以主视图圆锥管倾斜内角点起编 0~6，则左视图 0~6 各等分点，除编号3外，编号0和6、1和5、2和4、三组投影点分别重合，每等份段弧长用字母 S 表示。过半圆周弧上 0~6 各点向上引垂线，与相贯弦对应相交各点，再过各点分别与顶点 O 连线，这组连线同时与相贯圆弧对应相交 0~6 各点，则各点至相贯圆弧中点的各实长弧线，用带字母编号 M_0~M_6 表示。

3）过左视图圆锥管顶点 O，向左侧引水平线与主视图圆锥管倾斜 Q 度中轴线对应交于 O 点，即为主视图斜圆锥管顶点。再向左侧水平延伸左视图相贯弦 $2b$ 线段，与主视图斜圆锥管中轴线交于一中点，过这一中点向两侧作一条垂直于圆锥管中轴线的直线，并在这条直线上中点两侧各截取间距为 b 的点，则这两点间距为

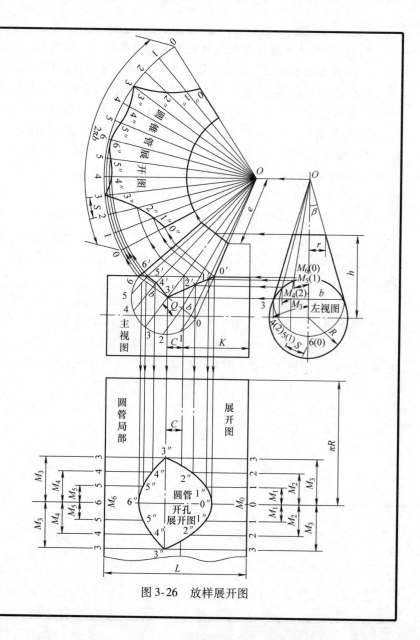

图 3-26　放样展开图

$2b$ 的线段，即为主视图斜圆锥管与圆管相贯正投影直径。然后在这条线段下方作半圆弧，并 6 等分半圆周，各等分点编号按圆锥管倾斜内角点起编 0 ~ 6，过 0 ~ 6 各点引垂直于对应 $2b$ 线段的平行线，与对应 $2b$ 线段交于 0 ~ 6 各点，再将线段上的 0 ~ 6 各点分别与顶点连线，即得主视图圆锥管基本素线。

4）向左侧水平延伸左视图圆锥管端口线，与主视图斜圆锥管中轴线交于一点，过这一点作中轴线的垂线，与基本素线外侧所交线段为主视图圆锥管端口，端口外侧端点至顶点 O 线段，即为圆锥管端口展开实长素线，用字母 e 表示。过左视图相贯弧 0 ~ 6 各点向左侧引水平线，与主视图圆锥管基本素线对应相交 $0'$ ~ $6'$ 各点，曲线连接 $0'$ ~ $6'$ 各点所构成的弧线，即为主视图圆锥管与圆管的相贯线。过相贯线上 $0'$ ~ $6'$ 各点，作平行于圆锥管端口的平行线，与圆锥管外侧斜边相交各点，则各点至圆锥管顶点 O 的各条线段，即为圆锥管相贯口展开各实长素线。

3. 作展开图（图 3-26 中的圆锥管展开图及圆管开孔展开图）

1）以主视图圆锥管顶点 O 为圆心，以顶点 O 至圆锥管投影直径端点 6 为半径，向主视图左侧旋转画弧，并在这条弧线上截取 0、0 两点，使其两点间弧长为 $2\pi b$，再 12 等分这段圆弧，使每等分段弧长为 S，各等分点按主视图排列顺序编号 0 ~ 6 ~ 0，然后过 0 ~ 6 ~ 0 各点分别与顶点 O 连线，即得一组圆锥管展开基素线。

2）以主视图圆锥管顶点 O 为圆心，以顶点 O 至相贯线 $0'$ ~ $6'$ 各实长素线为半径，向主视图左侧旋转画弧，与基本素线分别对应相交 $0''$ ~ $6''$ ~ $0''$ 各点，然后曲线连接 $0''$ ~ $6''$ ~ $0''$ 各点，从而得到圆锥管相贯口展开弧线。再以顶点 O 为圆心，以实长素线 e 为半径，向主视图左侧旋转画弧，与基本素线相交后，从而得到圆锥管端口展开弧线，至此，两弧线与两边射线所构成的图形，即为所求被展体中的圆锥管展开图。

3）在主视图圆管正下方对应作出圆管局部展开图，并在局部展开图上画出平行于主视图圆管轴线的相贯孔中线，然后，以左视图 M_0 ~ M_6 各弧长（展平）为间距，在所作中线两侧画平行线，从而得到圆管相贯孔横向基本素线，各素线编号 3 ~ 0 ~ 3 及 3 ~ 6 ~ 3 两组。

4）分别过主视图相贯线 $0'$ ~ $6'$ 各点向下引垂线，与展开图相贯孔中线两侧横向基本素线分别对应相交 $3''$ ~ $0''$ ~ $3''$ 和 $3''$ ~ $6''$ ~ $3''$ 各点，然后曲线连接 $3''$ ~ $0''$ ~ $3''$ 和 $3''$ ~ $6''$ ~ $3''$ 各点所构成的图形，即为所求被展体中的圆管开孔展开图。

十四、方锥管正心直交圆（图3-27）展开

1. 已知条件（图3-28）

已知尺寸 R、a、β、h、K、L 求作展开图。

2. 作放样图（图3-28 中的主、左视图）

设方锥管端口每面边口线分为3等份，四面边口线共分12等份。

1）用已知尺寸以 1:1 比例在放样平台上，按施工图提供的被展体图样画出左视图及与其相应的主视图。以及对应的 A—A 视图并延长左视图方锥管两侧棱边线交于一点，即方锥管顶点，用字母 O 表示。

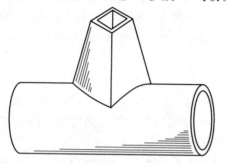

图 3-27 立体图

2）在左视图中，方锥管两侧棱边线与相贯圆管圆周弧各交一点，直线连接这两点的弦，即为方锥管与圆管相贯投影方口对角线，则半弦长就是投影方口的 1/2 对角线，用字母 b 表示。3 等分左视图方锥管一面端口投影边线，各等分点编号 0~3，然后，过方锥管顶点 O，分别与 0~3 各等分点连线，并延伸各条连线，与相贯圆弧对应相交 0~3 各点，则各点至相贯圆弧中点的实长弧线，用代编号字母 $M_0 \sim M_3$ 表示。

3）过左视图方锥管顶点 O，向左侧引水平线与主视图方锥管中轴线对应交于 O 点，即为主视图方锥管顶点。向左水平延伸左视图相贯弦 $2b$ 线段，与主视图方锥管中轴线交于一中点，并在这一中点两侧延伸直线上各截取间距为 b 的点，这两点间距为 $2b$ 的线段，即为主视图方锥管与圆管相贯投影方口对角线。将这一对角线两端点分别与顶点 O 连线，从而得到主视图方锥管外侧两棱

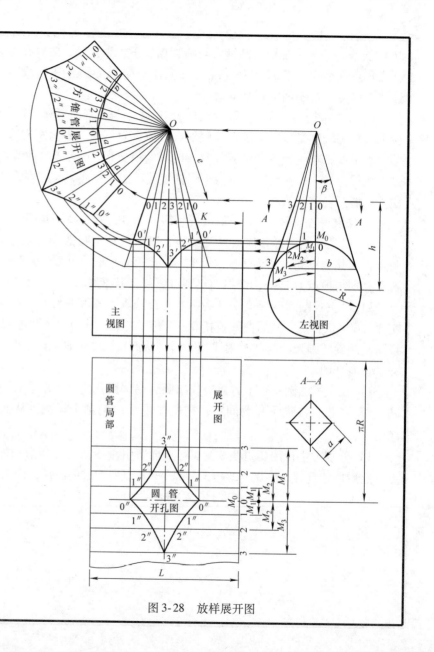

图 3-28 放样展开图

边线。再向左侧水平延伸左视图方锥管端口边线，与主视图方锥管外侧两棱边线相交一线段，这一线段即为主视图方锥管端口投影边线。端口投影边线端点至顶点 O 线段，即为方锥管端口展开实长素线，用字母 e 表示。3 等分主视图方锥管一面端口投影边线，并对照左视图对应编号 0～3，然后过顶点 O，分别与端口投影边线上 0～3 各等分点连线，并延长各连线，使延长后的线条略长于各自对应的放样实长，则所作线条即为主视图方锥管展开基本素线。

4）过左视图相贯弧 0～3 各点向左侧引水平线，与主视图方锥管基本素线对应相交 0'～3'～0'各点，曲线连接 0'～3'～0'各点所构成的弧线，即为主视图方锥管与圆管的相贯线。

过相贯线上 0'～3'各点作水平线，与方锥管外侧棱边延伸线交于各点，各交点至方锥管顶点 O 各线段，即为方锥管相贯口展开实长素线。

3. 作展开图（图 3-28 中的方锥管展开图及圆管开孔展开图）

1）以主视图方锥管顶点 O 为圆心，以实长素线 e 为半径，向主视图左侧旋转画弧，并在这条弧线上连续截取四段等长弧，使每段弧所对弦长为 a，再逐一直线连接相邻两点，连接完后的四条边折线即为方锥管端口展开边线。然后，每一条边分为 3 等份，则四条边共 12 等份，各等分点按主视图排列顺序编号 0～0～0，再以顶点 O 为始点，分别过 0～0～0 各等分点作射线，使每条射线略长于各自对应的放样实长，这组射线即为方锥管展开基本素线。

2）以主视图方锥管顶点 O 为圆心，以方锥管相贯口各实长素线为半径，分别向主视图左侧旋转画弧，与基本素线对应相交 0″～0″～0″各点，然后曲线连接 0″～0″～0″各点，从而得到方锥管相贯口展开弧线。这时，折线、弧线及两边射线所构成的图形即为所求被展体中的方锥管展开图。

3）在主视图圆管正下方对应作出圆管局部展开图，并在局部展开图上画出平行于主视图圆管轴线的相贯孔中线，然后，以左视图 M_0～M_3 各弧长（展开）为间距，在所作中线两侧画平行线，从而得到圆管相贯孔横向基本素线，各素线编号 3～0～3。

4）分别过主视图相贯线 0'～3'～0'各点向下引垂线，与圆管展开图相贯孔中线两侧横向基本素线分别对应相交两组 3″～0″～3″各点，然后曲线连接这两组 3″～0″～3″各点所构成的图形，即为所求被展体中的圆管开孔展开图。

十五、方锥管斜交圆管（图3-29）展开

1. 已知条件（图3-30）

已知尺寸 R、a、β、Q、h、K、L 求作展开图。

2. 作放样图（图3-30中的主、左视图）

设方锥管端口每面边口线分为3等份，四面边口线共分12等份。

1）用已知尺寸以1:1比例在放样平台上，按施工图提供的被展体图样画出左视图，及与其相对应的主视图，以及对应的 A—A 视图。并延长左视图方锥管两侧棱边线交于一点，即为方锥管顶点，用字母 O 表示。

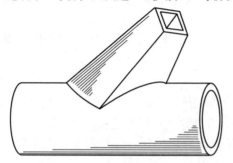

图 3-29 立体图

2）在左视图中，方锥管两侧棱边线与相贯圆管圆周弧各交一点，直线连接这两点的弦，即为方锥管与圆管相贯投影方口对角线，则半弦长就是投影方口1/2对角线，用字母 b 表示。6等分左视图方锥管两面端口投影边线，各等分点编号以主视图方锥管倾斜内角点起编0～6，则左视图0～6各等分点，除编号3外，编号0和6、1和5、2和4三组投影点分别重合。然后，过方锥管顶点 O，分别与0～6各等分点连线，并延伸各条连线，与相贯圆弧对应相交0～6各点，则各点至相贯圆弧中点的实长弧线，用代编号字母 M_0～M_6 表示。

3）过左视图方锥管顶点 O，向左侧引水平线与主视图方锥管倾斜 Q 度中轴线对应交于 O 点，即为主视图斜方锥管顶点。再向左侧水平延伸左视图相贯弦 $2b$ 线段，与主视图斜方锥管中轴线交于一中点，过这一中点向两侧作一条垂直于方锥管中轴线的直线，

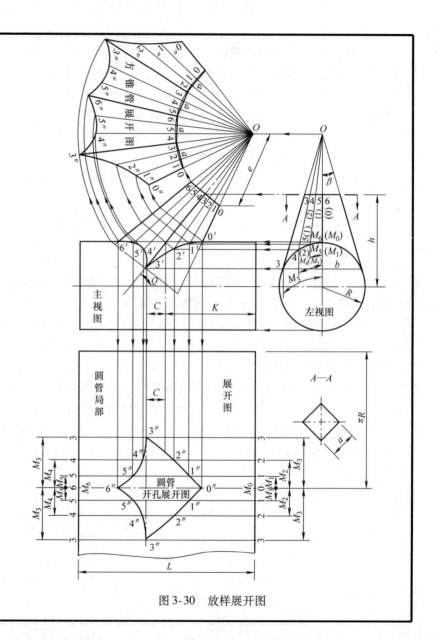

图 3-30 放样展开图

并在这条直线上中点两侧各截取间距为 b 的点，则这两点间距为 $2b$ 的线段，即为主视图斜方锥管与圆管相贯正投影方口对角线，将这一对角线两端点分别与顶点 O 连线，从而得到主视图方锥管外侧两棱边线。再向左侧水平延伸左视图方锥管端口边线，与主视图斜方锥管中轴线交于一点，过这一点作中轴线的垂线，与方锥管外侧两棱边线各交一点，这两点所构成的线段，即为主视图方锥管端口投影边线。端口投影边线端点至顶点 O 线段，即为方锥管端口展开实长素线，用字母 e 表示。6 等分主视图斜方锥管两面端口投影边线，各等分点编号从方锥管倾斜内角点起编 0～6。然后过顶点 O 分别与端口投影边线上 0～6 各等分点连线，并延长各条连线，使延长后的线条略长于各自对应的放样实长，则所作线条即为主视图方锥管展开基本素线。

4）过左视图相贯弧 0～6 各点向左侧引水平线，与主视图斜方锥管基本素线对应相交 0'～6'各点，曲线连接 0'～6'各点所构成的弧线，即为主视图斜方锥管与圆管的相贯线。过相贯线上 0'～6'各点，作平行于方锥管端口的平行线，与方锥管外侧棱边相交各点，则各点至方锥管顶点 O 的各条线段，即为方锥管相贯口展开各实长素线。

3. 作展开图（图 3-30 中的方锥管展开图及圆管开孔展开图）

1）以主视图方锥管顶点 O 为圆心，以实长素线 e 为半径，向主视图左侧旋转画弧，并在这条弧线上连续截取等长弧四段，使每段弧所对弦长为 a，再逐一连接相邻两点，连接完后的四条边折线，即为方锥管端口展开边线。然后，每一条边分为 3 等份，则四条边共 12 等份。各等分点按主视图排列顺序编号 0～6～0，再以顶点 O 为始点，分别过 0～6～0 各等分点作射线，使每条射线略长于各自对应的放样实长，这组射线即为方锥管展开基本素线。

2）以主视图方锥管顶点 O 为圆心，以方锥管相贯口各实长素线为半径，分别向主视图左侧旋转画弧，与基本素线对应相交 0″～6″～0″各点，然后曲线连接 0″～6″～0″各点，得到方锥管相贯口展开弧线。这时，折线、弧线及两边射线所构成的图形，即为所求被展体中的方锥管展开图。

3）在主视图圆管正下方对应作出圆管局部展开图，并在局部展开图上画出平行于主视图圆管轴线的相贯孔中线，然后，以左视图 M_0～M_6 各弧长（展平）为间距，在所作中线两侧画平行线，从而得到方锥管相贯孔横向基本素线，各素线编号 3～0～3 及 3～6～3 两组。

4）分别过主视图相贯线 0'～6'各点向下引垂线，与展开图相贯孔中线两侧横向基本素线分别对应相交 3″～0″～3″和 3″～6″～3″各点，然后曲线连接 3″～0″～3″和 3″～6″～3″各点所构成的图形，即为所求被展体中的圆管开孔展开图。

第四章 三角形展开法展开

　　三角形展开法中被展体的展开图是由若干个确定了实际尺寸的三角形依次拼合而构成的。这种方法适用于形体表面素线既不平行也不相交于一点的制件，如方锥台、方圆过渡锥台、顶底口不平行的圆锥台，以及异形口管制件等，也适用于各种不宜采用平行线展开法和放射线展开法的各类制件。用三角形展开法作展开图，要画出主视图和俯视图（有时可用局部俯视图）作为放样图。其主要特点是把每个四边形的平面或曲面，在它的对角方向添加辅助线，使之成为两个三角形，然后求出每个三角形每条边的实长。求实长采取作直角三角形的方法获得，即某一条边，在俯视图上反映是一条长度缩短了的线段，视为直角三角形的一直角边，而在主视图上的高视为直角三角形的另一直角边，连接两直角边端点为直角三角形的斜边，斜边的长度就是这条边的实长。这种求实长的方法，可用一句简明的话概括："已知两直角边，求斜边长。"画展开图时，只要将各具有真实尺寸的三角形，按其在俯视图上的分布规律线段各自所在位置，依次拼画在一个平面上，全部拼画完成后所构成的图形即为所求展开图。

一、平口正心方锥台（图4-1）展开

1. 已知条件（图4-2）

　　已知尺寸 a、b、c、d、h，求作展开图。

图4-1　立体图

2. 作放样图（图4-2）

　　1）用已知尺寸，以 1:1 比例在放样平台上，按施工图提供的被展体图样画出主视图及与主视图相对应的俯视图。

　　2）为作展开图创建必要条件，对俯视图中的 4 个梯形面增添辅助线，即每一个梯形面任一对角用虚线连接，这一对角线把梯形面分为两个三角形，因此，4 个梯形面就分成了 8 个三角形。

　　3）在俯视图中，前后两个梯形面是全等形，其对角线自然相同，用字母 e 表示，左右两个梯形面也是全等形，其对角线也相同，用字母 f 表示。由于方锥台是平口正心，所以梯形面的 4 条接合线也自然相同，用字母 g 表示。

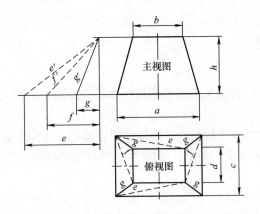

图 4-2　放样图

4）根据第一章所介绍的直线段投影特性，对照主、俯视图各直线段分析如下：

① 锥台方口边 a、b 直线段属侧垂线，在主、俯视图中长度反映的是实长。

② 锥台方口边 c、d 直线段属正垂线，在俯视图中长度反映的是实长。

③ 梯形面对角线 e、f 直线段，以及锥台梯形面接合边 g 直线段属一般位置线，其长度在主、俯视图中均不反映实长，需要通过作放样图获得。

5）采用直角三角形求实长的方法来解一般位置线，就是将俯视图中的一般位置线 e、f、g 各直线段，作为直角三角形的一条直角边，再将主视图锥台垂高 h 直线段作为直角三角形的另一条直角边，然后，以 h 直线段所在直角边上的端点为始点，分别与所对应的直角边上 e、f、g 各直线段的端点连线，从而得到 3 个直角三角形，则斜边 e'、f'、g' 即为实长直线段，如主视图左侧放样图所示。

3. 作展开图（图 4-3）

按照俯视图上 a、b、c、d、e、f、g 各直线段所形成的三角形分布规律，以及各自所在位置，用求得的实长直线段 e'、f'、g' 替换上述俯视图中各自对应的直线段，然后，将替换后的新三角形依次有序地拼画在一个平面上，全部拼画完成后所构成的图形即为所求平口正心方锥台展开图。

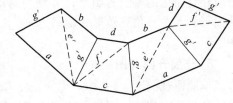

图 4-3　展开图

二、平口偏心方锥台（图4-4）展开

1. 已知条件（图4-5）

已知尺寸 a、b、c、d、P、h，求作展开图。

2. 作放样图（图4-5）

1）用已知尺寸，以1:1比例在放样平台上，按施工图提供的被展体图样画出主视图及与主视图相对应的俯视图。

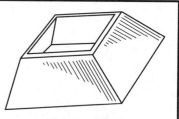

图4-4　立体图

2）为作展开图创建必要条件，对俯视图中的4个梯形面增添辅助线，即每一个梯形面任一对角用虚线连接，这一对角线把梯形面分为两个三角形，因此，4个梯形面就分成了8个三角形。

3）在俯视图中，前后两个梯形面是全等形，其对角线自然相同，用字母 L 表示。由于锥台是左右偏心，因此，左右两个梯形面是不等形，其对角线自然不相同，分别用字母 K、J 表示。同理，锥台梯形面左、右各两条接合线也不相同，分别用字母 e、f 表示。

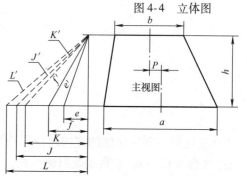

4）根据第一章所介绍的直线段投影特性，对照主、俯视图各直线段做如下分析：

① 锥台方口边 a、b 直线段属侧垂线，在主、俯视图中其长度均反映实长。

② 锥台方口边 c、d 直线段属正垂线，在俯视图中其长度反映实长。

③ 锥台梯形面接合边 e、f 直线段，以及梯形面对角线 L、K、J 直线段属一般位置线，其长度在主、俯视图中均不反映实长，需通过作放样图获得。

5）采用直角三角形求实长的方法，将 e、f、L、K、J 各直线段作为直角三角形的一条直角边，再将主视图方锥台垂高 h 直线段作为直角三角形的另一条直角边，然后以 h 直线段所在直角边的端点为始点，分别与对应的直角边上 e、f、L、K、J 直线段各端点连线，从而得到5个直角三角形，则斜边 e'、f'、L'、K'、J' 即为实长直线段，如主视图左侧放样图所示。

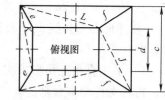

图4-5　放样图

3. 作展开图（图4-6）

按照俯视图上 a、b、c、d、e、f、L、K、J 各直线段所形成的三角形分布规律，以及线段各自所在位置，用求得的实长直线段 e'、f'、L'、K'、J' 替换上述俯视图中各自对应的直线段，然后，将替换后的新三角形依次有序地拼画在一个平面上，全部拼画完成后所构成的图形即为所求平口偏心方锥台展开图。

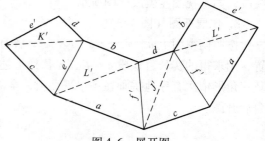

图4-6　展开图

三、平口双偏心方锥台（图 4-7）展开

1. 已知条件（图 4-8）

已知尺寸 a、b、c、d、P、n、h，求作展开图。

2. 作放样图（图 4-8）

1）用已知尺寸，以 1∶1 比例在放样平台上，按施工图提供的被展体图样，画出主视图及与主视图相对应的俯视图。

图 4-7 立体图

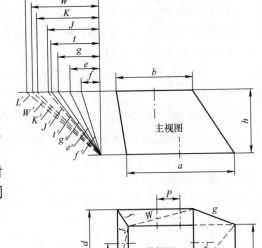

2）为作展开图创建必要的条件，对俯视图中的 4 个梯形面增添辅助线，即每一个梯形面任一对角用虚线连接，这一对角线把梯形面分为两个三角形，因此，4 个梯形面就被分成了 8 个三角形。

3）在俯视图中，由于锥台是双偏心，所以 4 个梯形面形状均不一样，各自所对应的对角线也不一样，因此，前、后、左、右 4 个面的对角线，分别用字母 L、W、J、K 表示。同理，4 个梯形面所对应的 4 条接合线也不一样，分别用字母 e、f、g、t 表示。

4）根据第一章所介绍的直线段投影特性，对照主、俯视图各直线段做如下分析：

① 锥台方口边 a、b 直线段属侧垂线，在主、俯视图中其长度均反映实长。

② 锥台方口边 c、d 直线段属正垂线，在俯视图中其长度反映实长。

③ 锥台梯形面接合边 e、f、g、t 4 条直线段，以及梯形面对角线 L、W、J、K 4 条直线段均属一般位置线，在主、俯视图中其长度均缩短不反映实长，需通过作放样图获得。

图 4-8 放样图

5）采用直角三角形求实长的方法，将 e、f、g、t、L、W、J、K 各直线段作为直角三角形的一条直角边，再将主视图方锥台垂高 h 直线段作为直角三角形的另一条直角边，然后以 h 直线段所在直角边上的端点为始点，分别与对应的直角边上的 e、f、g、t、L、W、J、K 各直线段端点连线，从而得到 8 个直角三角形，则各自所对应的斜边 e'、f'、g'、t'、L'、W'、J'、K' 即为实长直线段，如主视图左侧放样图所示。

3. 作展开图（图 4-9）

按照俯视图上 a、b、c、d、e、f、g、t、L、W、J、K 各直线段所形成的三角形分布规律，以及线段各自所在位置，用求得的各实长直线段 e'、f'、g'、t'、L'、W'、J'、K' 替换上述俯视图中各自对应的直线段。

然后，将替换后的新三角形依次有序地拼画在一个平面上，全部拼画完成后所构成的图形即为所求平口双偏心方锥台展开图。

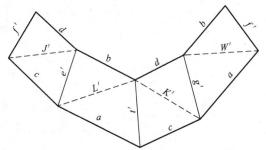

图 4-9 展开图

四、底口倾斜正心方锥台（图 4-10）展开

1. 已知条件（图 4-11）

已知尺寸 a、b、c、d、β、h，求作展开图。

2. 作放样图（图 4-11）

1）用已知尺寸，以 1:1 的比例在放样平台上，按施工图提供的被展体图样画出主视图及与主视图相对应的俯视图。

2）为作展开图创建必要的条件，对俯视图中的 4 个梯形面增添辅助线，即每一个梯形面任一对角用虚线连接，这一对角线把梯形面分为两个三角形，因此，4 个梯形面就被分成了 8 个三角形。

3）在俯视图中，虽然左、右两个梯形面反映是全等形，但在主视图中，锥台底口左低右高倾斜，反映左、右两个梯形面的垂直高度不一样，很显然各自所对应的对角线也不一样，因此，左右对角线分别用字母 K、L 表示。同理，锥台左、右梯形面接合线也不一样，分别用字母 e、f 表示。锥台的前、后梯形面，是对称的全等形，因此，各自所对应的对角线是一样的，用字母 W 表示。

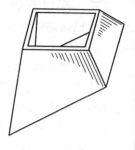

图 4-10　立体图

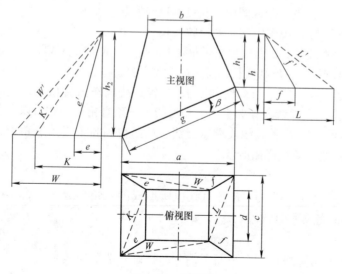

图 4-11　放样图

4）根据第一章所介绍的直线段投影特性，对照主、俯视图各直线段做如下分析：

① 锥台方口边 b 直线段属侧垂线，在主、俯视图中其长度均反映实长。

② 锥台方口边 a 直线段属正平线，在俯视图中反映是一条缩短了的直线段，而在主视图中反映是一条倾斜的实长直线段，用字母 g 表示。

③ 锥台方口边 c、d 直线段属正垂线，在俯视图中其长度反映实长。

④ 锥台梯形面对角线 K、L、W 直线段，以及梯形面接合边 e、f 直线段均属一般位置线，在主、俯视图中其长度均缩短，不反映实长，需通过作放样图获得。

5）采用直角三角形求实长的方法来解一般位置线，具体方法是在主视图中，由于锥台底边倾斜，其底边两端形成两条垂高，分别用 h_1 和 h_2 表示，将 h_1 和 h_2 作为各自直角三角形的一条直角边，然后，将 L、f 直线段和 K、W、e 直线段，分别作为各自所对应的直角三角形的另一条直角边，再以 h_1 和 h_2 直线段各自所在直角边的端点为始点，分别与各自对应的另一条直角边上的 L、f 直线段和 K、W、e 直线段各端点连线，从而分别得到 2 个和 3 个直角三角形，则各自所对应的斜边 L'、f' 和 K'、W'、e' 即为实长直线段，如主视图左、右两侧放样图所示。

3. 作展开图（图 4-12）

按照俯视图上 a、b、c、d、e、f、K、W、L 各直线段所形成的三角形分布规律，以及线段各自所在位置，用求得的各实长直线段 L'、K'、W'、e'、f' 替换上述俯视图中各自对应的直线段，再用 g 实长直线段替换正平线 a 直线段，最后，将替换后的新三角形依次有序地拼画在一个平面上，全部拼画完成后所构成的图形即为所求底口倾斜正心方锥台展开图。

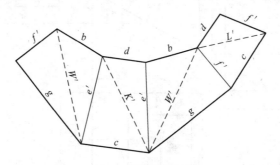

图 4-12　展开图

五、底口倾斜偏心方锥台（图4-13）展开

1. 已知条件（图4-14）

已知尺寸 a、b、c、d、β、P、h，求作展开图。

2. 作放样图（图4-14）

1）用已知尺寸，以1:1比例在放样平台上，按施工图提供的被展体图样画出主视图及与主视图相对应的俯视图。

2）为作展开图创建必要的条件，对俯视图中的4个梯形面增添辅助线，即每一个梯形面任一对角用虚线连接，这一对角线把梯形面分为两个三角形，因此，4个梯形面就被分成了8个三角形。

3）在俯视图中，虽然锥台底口倾斜，但前后两个梯形面是对称的全等形，其对角线自然相同，用字母 W 表示。由于锥台是左右偏心，因此，左右两个梯形面是不等形，其对角线自然不相同，分别用字母 K、L 表示。同理，锥台梯形面左、右各两条接合线也不相同，分别用字母 e、f 表示。

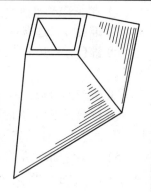

图4-13 立体图

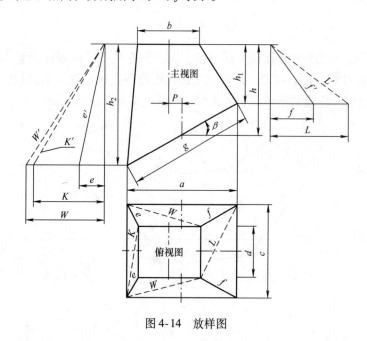

图4-14 放样图

4）根据第一章所介绍的直线段投影特性，对照主、俯视图各直线段做如下分析：

① 锥台方口边 b 直线段属侧垂线，在主、俯视图中其长度均反映实长。

② 锥台方口边 a 直线段属正平线，在俯视图中反映是一条缩短了的直线段，而在主视图中反映是一条倾斜的实长直线段，用字母 g 表示。

③ 锥台方口边 c、d 直线段属正垂线，在俯视图中其长度反映实长。

④ 锥台梯形面对角线 K、L、W 直线段，以及梯形面接合边 e、f 直线段均属一般位置线，在主、俯视图中其长度均缩短，不反映实长，需通过作放样图获得。

5）采用直角三角形求实长的方法来解一般位置线，具体方法是在主视图中，由于锥台底边倾斜，其底边两端形成两条垂高，分别用 h_1 和 h_2 表示。

将 h_1 和 h_2 作为各自直角三角形的一条直角边，然后，将 L、f 直线段和 K、W、e 直线段，分别作为各自所对应的直角三角形的另一条直角边，再以 h_1 和 h_2 直线段各自所在直角边的端点为始点，分别与各自对应的另一条直角边上的 L、f 直线段和 K、W、e 直线段各端点连线，从而分别得到 2 个和 3 个直角三角形，则斜边 L'、f' 和 K'、W'、e' 即为实长直线段，如主视图左、右两侧放样图所示。

3. 作展开图（图 4-15）

按照俯视图上 a、b、c、d、e、f、K、W、L 各直线段所形成的三角形分布规律，以及各自所在位置，用求得的各实长直线段 e'、f'、K'、W'、L' 替换上述俯视图上各自所对应的直线段，再用实长直线段 g 去替换俯视图中的正平线 a，最后将替换后的新三角形依次有序地拼画在一个平面上，全部拼画完成后所构成的图形即为所求底口倾斜偏心方锥台展开图。

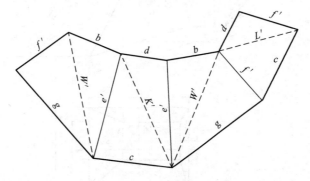

图 4-15　展开图

六、底口倾斜双偏心方锥台（图 4-16）展开

1. 已知条件（图 4-17）

已知尺寸 a、b、c、d、P、n、β、h，求作展开图。

2. 作放样图（图 4-17）

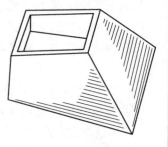

图 4-16 立体图

1）用已知尺寸，以 1:1 比例在放样平台上，按施工图提供的被展体图样画出主视图及与主视图相对应的俯视图。

2）为作展开图创建必要的条件，对俯视图中的 4 个梯形面增添辅助线，即每一个梯形面任一对角用虚线连接，这一对角线把梯形面分为两个三角形，因此，4 个梯形面就被分成了 8 个三角形。

3）在俯视图中，由于锥台是双偏心，所以 4 个梯形面形状均不一样，各自所对应的对角线也不一样，因此，前、后、左、右 4 个面的对角线，分别用字母 K、J、L、W 表示。同理，4 个梯形面所对应的 4 条接合线也不一样，分别用字母 e、f、g、t 表示。

4）根据第一章所介绍的直线段投影特性，对照主、俯视图各直线段做如下分析：

① 锥台方口边 b 直线段属侧垂线，在主、俯视图中其长度均反映实长。

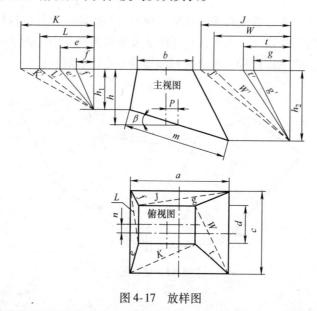

图 4-17 放样图

② 锥台方口边 a 直线段属正平线，在俯视图中的反映是一条缩短了的直线段，而在主视图中的反映是一条倾斜的实长直线段，用字母 m 表示。

③ 锥台方口边 c、d 直线段属正垂线，在俯视图中其长度反映实长。

④ 锥台梯形面接合边 e、f、g、t 四条直线段，以及梯形面对角线 L、W、J、K 四条直线段均属一般位置线，在主、俯视图中其长度均缩短，不反映实长，需通过作放样图获得。

5）采用直角三角形求实长的方法来解一般位置线，具体方法是在主视图中，由于锥台底边倾斜，其底边两端形成两条垂高，分别用 h_1 和 h_2 表示。将 h_1 和 h_2 作为各自直角三角形的一条直角边，然后将 L、K、e、f 直线段和 J、W、g、t 直线段，分别作为各自所对应的直角三角形的另一直角边，再以 h_1 和 h_2 直线段各自所在直角边的端点为始点，分别与各自对应的另一直角边上的 L、K、e、f 直线段和 J、W、g、t 直线段各端点连线，从而分别各得 4 个直角三角形，则斜边 L'、K'、e'、f' 和 J'、W'、g'、t' 即为实长直线段，如主视图左、右两侧放样图所示。

3. 作展开图（图 4-18）

按照俯视图上 a、b、c、d、e、f、g、t、L、K、J、W 各直线段所形成的三角形分布规律，以及各自所在位置，用求得的各实长直线段 L'、K'、e'、f'、J'、W'、g'、t' 替换上述俯视图中各自对应的直线段，再用实长直线段 m 去替换俯视图中的正平线 a，最后将替换后的新三角形依次有序地拼画在一个平面上，全部拼画完成后所构成的图形即为所求底口倾斜双偏心方锥台展开图。

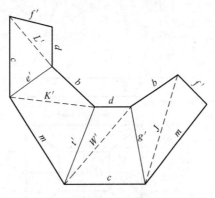

图 4-18　展开图

七、顶口倾斜正心方锥台（图4-19）展开

1. 已知条件（图4-20）

已知尺寸 a、b、c、d、β、h，求展开图。

2. 作放样图（图4-20）

图4-19 立体图

1）用已知尺寸，以1:1比例在放样平台上，按施工图提供的被展体图样画出主视图及与主视图相对应的俯视图。

2）为作展开图创建必要的条件，对俯视图中的4个梯形面增添辅助线，即每一个梯形面任一对角用虚线连接，这一对角线把梯形面分为两个三角形，因此，4个梯形面就被分成了8个三角形。

3）在俯视图中，虽然左、右两个梯形面的反映是全等形，但在主视图中锥台顶口左高右低倾斜，反映左、右两个梯形面的垂直高度不一样，这很显然各自所对应的对角线也不一样，因此，左、右对角线分别用字母 K、J 表示。同理，锥台左、右梯形面接合线也不一样，分别用字母 e、f 表示。锥台前、后两个梯形面是对称的全等形，因此各自对应的对角线是一样的，用字母 L 表示。

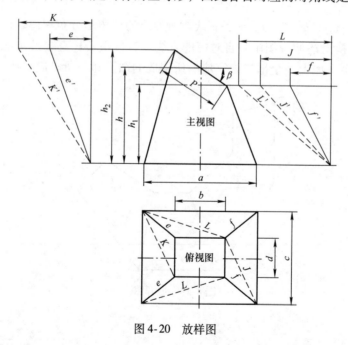

图4-20 放样图

4）根据第一章所介绍的直线段投影特性，对照主、俯视图各直线段做如下分析：

① 锥台方口边 a 直线段属侧垂线，在主、俯视图中其长度均反映实长。

② 锥台方口边 b 直线段属正平线，在俯视图中的反映是一条缩短了的直线段，而在主视图中的反映是一条倾斜的实长直线段，用字母 P 表示。

③ 锥台方口边 c、d 直线段属正垂线，在俯视图中其长度反映实长。

④ 锥台梯形面对角线 K、J、L 直线段，以及梯形面接合边 e、f 直线段均属一般位置线，在主、俯视图中其长度均缩短，不反映实长，需通过作放样图获得。

5）采用直角三角形求实长的方法来解一般位置线，具体方法是在主视图中，由于锥台顶口边倾斜，其顶口边两端形成两条垂高，分别用 h_1 和 h_2 表示，将 h_1 和 h_2 作为各自直角三角形的一条直角边，然后，将 L、J、f 直线段和 K、e 直线段分别作为各自所对应的直角三角形的另一条直角边，再以 h_1 和 h_2 直线段各自所在直角边的端点为始点，分别与各自对应的另一条直角边上的 L、J、f 直线段和 K、e 直线段各端点连线，从而分别得到 3 个和 2 个直角三角形，则各自所对应的斜边 L'、J'、f' 和 K'、e' 即为实长直线段，如主视图左、右两侧放样图所示。

3. 作展开图（图 4-21）

按照俯视图 a、b、c、d、e、f、K、J、L 各直线段所形成的三角形分布规律，以及各自所在位置，用求得的各实长直线段 L'、J'、f'、K'、e' 替换上述俯视图中各自对应的直线段，再用实长直线段 P 去替换俯视图中的正平线 b，最后，将替换后的新三角形依次有序地拼画在一个平面上，全部拼画完成后所构成的图形即为所求顶口倾斜正心方锥台展开图。

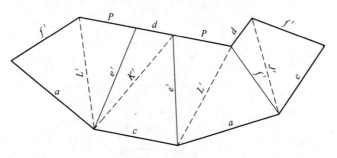

图 4-21　展开图

八、顶口倾斜偏心方锥台（图4-22）展开

1. 已知条件（图4-23）

已知尺寸 a、b、c、d、P、β、h，求作展开图。

2. 作放样图（图4-23）

1）用已知尺寸，以 1:1 比例在放样平台上，按施工图提供的被展体图样画出主视图及与主视图相对应的俯视图。

2）为作展开图创建必要条件，对俯视图中的 4 个梯形面增添辅助线，即每一个梯形面任一对角用虚线连接，这一对角线把梯形面分为两个三角形，因此，4 个梯形面就分成了 8 个三角形。

3）在俯视图中，虽然锥台顶口倾斜，但前、后两个梯形面是对称的全等形，其对角线自然相同，用字母 J 表示。由于锥台是左、右偏心，因此，左、右两个梯形面是不等形，其对角线自然不相同，分别用字母 K、L 表示。同理，锥台梯形面左、右各两条接合线也不相同，分别用字母 e、f 表示。

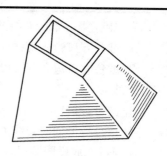

图4-22 立体图

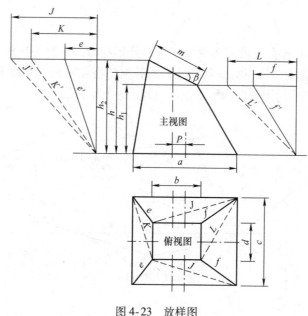

图4-23 放样图

4）根据第一章所介绍的直线段投影特性，对照主、俯视图各直线段做如下分析：

① 锥台方口边 a 直线段属侧垂线，在主、俯视图中其长度均反映实长。

② 锥台方口边 b 直线段属正平线，在俯视图中反映是一条缩短了的直线段，而在主视图中反映是一条倾斜的实长直线段，用字母 m 表示。

③ 锥台方口边 c、d 直线段属正垂线，在俯视图中其长度反映实长。

④ 锥台梯形面对角线 K、J、L 直线段，以及梯形面接合边 e、f 直线段均属一般位置线，在主、俯视图中其长度均缩短，不反映实长，需通过作放样图获得。

5）采用直角三角形求实长的方法来解一般位置线，具体方法是在主视图中，由于锥台顶口边倾斜，其顶口边两端形成两条垂高，分别用 h_1 和 h_2 表示，将 h_1 和 h_2 作为各自直角三角形的一条直角边，然后将 L、f 直线段和 K、J、e 直线段分别作为各自对应的直角三角形的另一直角边，再以 h_1 和 h_2 直线段各自所在直角边的端点为始点，分别与各自对应的另一条直角边上的 L、f 直线段和 K、J、e 直线段各端点连线，从而分别得 2 个和 3 个直角三角形，则斜边 L'、f' 和 K'、J'、e' 即为实长直线段，如主视图两侧放样图所示。

3. 作展开图（图4-24）

按照俯视图上 a、b、c、d、e、f、J、K、L 各直线段所形成的三角形分布规律，以及各自所在位置，用求得的各实长直线段 L'、f'、K'、J'、e' 替换上述俯视图中各自对应的直线段，再用实长直线段 m 去替换俯视图中的正平线 b，最后将替换后的新三角形依次有序地拼画在一个平面上，全部拼画完成后所构成的图形即为所求顶口倾斜偏心方锥台展开图。

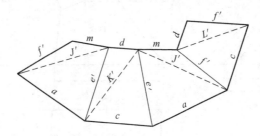

图4-24　展开图

九、顶口倾斜双偏心方锥台（图4-25）展开

1. 已知条件（图4-26）

已知尺寸 a、b、c、d、P、n、h，求作展开图。

2. 作放样图（图4-26）

1）用已知尺寸，以1:1比例在放样平台上，按施工图提供的被展体图样画出主视图及与主视图相对应的俯视图。

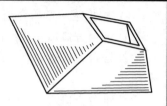

图4-25　立体图

2）为作展开图创建必要条件，对俯视图中的4个梯形面增添辅助线，即每一个梯形面任一对角用虚线连接，这一对角线把梯形面分为两个三角形，因此，4个梯形面就分成了8个三角形。

3）在俯视图中，由于锥台是双偏心，所以4个梯形面形状均不一样，各自所对应的对角线也不一样，因此，前、后、左、右4个面的对角线，分别用字母 L、K、W、J 表示。同理，梯形面所对应的4条接合线也不一样，分别用字母 e、f、g、t 表示。

4）根据第一章所介绍的直线段投影特性，对照主、俯视图各直线段做如下分析：

① 锥台方口边 a 直线段属侧垂线，在主、俯视图中其长度均反映实长。

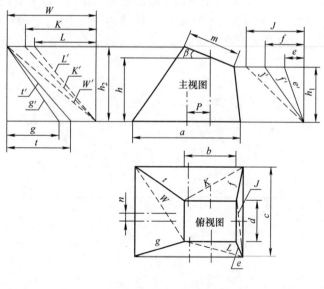

图4-26　放样图

② 锥台方口边 b 直线段属正平线，在俯视图中的反映是一条缩短了的直线段，而在主视图中的反映是一条倾斜的实长直线段，用字母 m 表示。

③ 锥台方口边 c、d 直线段属正垂线，其长度在俯视图中反映实长。

④ 锥台梯形面接合边 e、f、g、t 4 条直线段，以及梯形面对角线 L、K、W、J 4 条直线段均属一段位置线，在主、俯视图中其长度均缩短，不反映实长，需通过作放样图获得。

5）采用直角三角形求实长的方法来解一般位置线，具体方法是在主视图中，由于锥台顶口边倾斜，其顶口边两端形成两条垂高，分别用 h_1 和 h_2 表示。所以，将 h_1 和 h_2 作为各自直角三角形的一条直角边，然后将 J、f、e 直线段和 W、K、L、g、t 直线段，分别作为各自对应的直角三角形的另一条直角边，再以 h_1 和 h_2 直线段各自所在直角边的端点为始点，分别与各自对应的另一条直角边上的 J、f、e 直线段和 W、K、L、g、t 直线段各端点连线，从而分别得到 3 个和 5 个直角三角形，则各自所对应的斜边 J'、f'、e' 和 W'、K'、L'、g'、t' 即为实长直线段，如主视图左、右两侧放样图所示。

3. 作展开图（图 4-27）

按照俯视图 a、b、c、d、e、f、g、t、J、K、L、W 各直线段所形成的三角形分布规律，以及各自所在位置，用求得的各实长直线段 J'、f'、e'、W'、K'、L'、g'、t' 去替换上述俯视图中各自对应的直线段，再用实长直线段 m 去替换俯视图中的正平线 b，最后，将替换后的新三角形依次有序地拼画在一个平面上，全部拼画完成后所构成的图形即为所求顶口倾斜双偏心方锥台展开图。

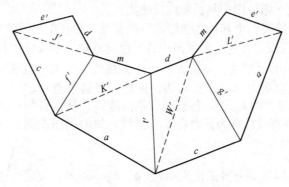

图 4-27　展开图

十、平口正心天圆地方锥台（图4-28）展开

1. 已知条件（图4-29）

已知尺寸 a、b、r、h，求作展开图。

2. 作放样图（图4-29）

设锥台圆口圆周分为12等份。

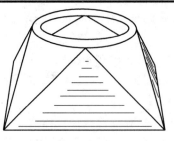

图4-28 立体图

1）用已知尺寸，按1:1比例在放样平台上，按施工图提供的被展体图样画出主视图及与主视图相对应的俯视图。

2）为方便作展开图，首先要完善俯视图有关线段，因此，在俯视图上将圆口圆周分为12等份，则1/4圆周分为三等份，有四个等分点，将这四个等分点编号为0～3，圆周每一等分段弧长用字母 S 表示。

3）俯视图方口四角点，分别与各自对应的圆口1/4圆周各等分点连线，这样共四组线段即为锥台素线。由于锥台是正心，四组素线均一样，因此，只对锥台一组素线编号即可，各素线带字母编号为 K_0～K_3。锥台横向中线作为展开对接缝用字母 e 表示。

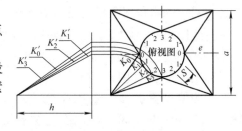

图4-29 放样图

4）根据第一章所介绍的直线段投影特性，对照主、俯视图各直线段做如下分析：

① 锥台方口边 a 直线段属正垂线，在俯视图中其长度反映实长。

② 锥台方口边 b 直线段属侧垂线，在主、俯视图中其长度均反映实长。

③ 锥台横向中线 e 直线段属正平线，在俯视图中其长度缩短不反映实长，而在主视图中其长度却反映实长，用字母 e' 表示。

④ 锥台素线 K_0～K_3 各直线段属一般位置线，在主、俯视图中其长度均缩短，不反映实长，其实长只能通过作放样图获得。

5）采用直角三角形求实长的方法来解一般位置线，具体方法是将俯视图上锥台素线 K_0～K_3 各直线段作为直角三角形的一条直角边，再将主视图上锥台的垂高 h 作为直角三角形的另一条直角边，然后，将这条直角边上的 h 直线段端点作为始点，与其对应直角边上的 K_0～K_3 各直线段端点连线，从而得到4个直角三角形，则所对应的斜边 K'_0～K'_3 各直线段即为锥台各实长素线，如俯视图左侧放样图所示。

3. 作展开图（图4-30）

按照俯视图上锥台素线 K_0～K_3、圆口圆周每等分段弧长 S，以及 a、b、e 等各直线段所形成的三角形分布规律，以及各自所在位置，用求得的实长素线 K'_0～K'_3 去替换上述俯视图中各自所对应的直线段，再用主视图 e' 实长直线段，去替换俯视图中的正平线 e 直线段，最后，将替换后的新三角形依次有序地拼画在一个平面上，全部拼画完成后所构成的图形即为所求平口正心天圆地方锥台展开图。完成好的展开图弧线，编号0、0两端点间弧长为 $2\pi r$。

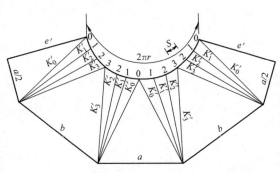

图4-30 展开图

十一、平口偏心天圆地方锥台（图4-31）展开

1. 已知条件（图4-32）

已知尺寸 a、b、r、P、h，求作展开图。

2. 作放样图（图4-32）

设锥台圆口圆周分为12等份。

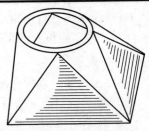

图4-31　立体图

1）用已知尺寸，以1:1比例在放样平台上，按施工图提供的被展体图样画出主视图及与主视相对应的俯视图。

2）为方便作展开图，首先要完善俯视图有关线段。因此，在俯视图上，将圆口圆周分为12等份，则1/4圆周分为三等份，有四个等分点，将这四个等分点编号为 $0 \sim 3$，而圆周每一等分段弧长用字母 S 表示。

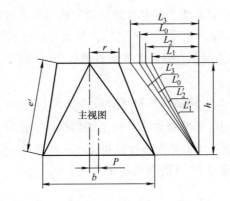

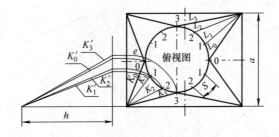

图4-32　放样图

3）俯视图方口四角点，分别与各自对应的圆口1/4圆周各等分点连线，这四组线段即为锥台素线。由于锥台是左、右偏心，因此，锥台左、右各两组素线相同，而左、右素线却不相同，分别带字母编号为 $K_0 \sim K_3$ 和 $L_0 \sim L_3$ 表示。锥台左侧横向中线作为展开对接缝，用字母 e 表示。

4）根据第一章所介绍的直线段投影特性，对照主、俯视图各直线段做如下分析：

① 锥台方口边 a 直线段属正垂线，在俯视图中其长度反映实长。

② 锥台方口边 b 直线段属侧垂线，在主、俯视图中其长度均反映实长。

③ 锥台横向中线 e 直线段属正平线，在俯视图中其长度缩短，不反映实长，而在主视图中却反映实长，用字母 e' 表示。

④ 锥台素线 $K_0 \sim K_3$ 和 $L_0 \sim L_3$ 各直线段均属一般位置线，在主、俯视图中其长度均缩短，不反映实长，其实长只能通过作放样图获得。

5）采用直角三角形求实长的方法来解一般位置线，具体方法是将俯视图上的锥台素线 $K_0 \sim K_3$ 和 $L_0 \sim L_3$ 各直线段分别作为直角三角形的一条直角边，再将主视图上锥台的垂高 h 作为各自直角三角形的另一条直角边，然后，将直角边上的 h 直线段端点作为始点，分别与各自对应的直角边上的 $K_0 \sim K_3$ 和 $L_0 \sim L_3$ 各直线段端点连线，从而各自分别得到 4 个直角三角形，则各自所对应的斜边 $K'_0 \sim K'_3$ 和 $L'_0 \sim L'_3$ 各直线段即为锥台各实长素线，如俯视图左侧和主视图右侧放样图所示。

3. 作展开图（图4-33）

按照俯视图上锥台素线 $K_0 \sim K_3$ 和 $L_0 \sim L_3$，圆口圆周每等分段弧长 S，以及 a、b、e 等各直线段所形成的三角形分布规律及各自所在位置，用求得的实长素线 $K'_0 \sim K'_3$ 和 $L'_0 \sim L'_3$ 各直线段去替换上述俯视图中各自对应的直线段，再用主视图 e' 实长直线段去替换俯视图中的正平线 e 直线段，最后，将替换后的新三角形依次有序地拼画在一个平面上，全部拼画完成后所构成的图形即为所求平口偏心天圆地方锥台展开图。完成好的展开图弧线，编号0、0两端点间弧长为 $2\pi r$。

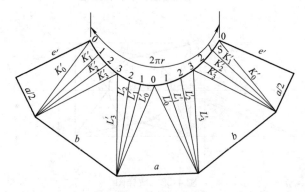

图4-33　展开图

十二、平口双偏心天圆地方锥台（图4-34）展开

1. 已知条件（图4-35）

已知尺寸 a、b、r、P、n、h，求作展开图。

2. 作放样图（图4-35）

设锥台圆口圆周分为12等份。

1）用已知尺寸，以1:1比例在放样平台上，按施工图提供的被展体图样画出主视图及与主视图相对应的俯视图。

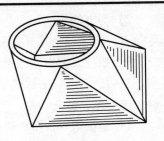

图4-34 立体图

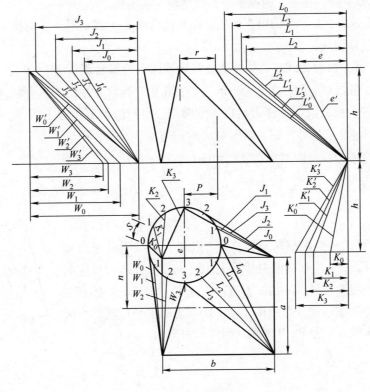

图4-35 放样图

2）为方便作展开图，首先要完善俯视图有关线段，因此，在俯视图上，将圆口圆周分为 12 等份，则 1/4 圆周分为三等份，有四个等分点，将这四个等分点编号为 0~3，而圆周每一等分段弧长用字母 S 表示。

3）俯视图方口四角点，分别与各自对应的圆口 1/4 圆周各等分点连线，这样共四组素线，即为锥台素线。由于锥台是双偏心，左前、左后、右前、右后四组素线均不相同，因此，分别带字母编号为 $W_0 \sim W_3$、$K_0 \sim K_3$、$L_0 \sim L_3$、$J_0 \sim J_3$，锥台后面中线作为展开对接缝，用字母 e 表示。

4）根据第一章所介绍的直线段投影特性，对照主、俯视图中各直线段做如下分析：

① 俯视图锥台方口边 a 直线段属正垂线，在俯视图中其长度反映实长。

② 俯视图锥台方口边 b 直线段属侧垂线，在主、俯视图中其长度均反映实长。

③ 锥台素线 $W_0 \sim W_3$、$K_0 \sim K_3$、$L_0 \sim L_3$、$J_0 \sim J_3$ 四组直线段，以及锥台后面中线 e 侧平线均属一般位置线，在主、俯视图中均不反映实长，各直线段实长，只能通过作放样图获得。

5）采用直角三角求实长的方法来解一般位置线，具体方法是将俯视图上的锥台素线 $W_0 \sim W_3$、$K_0 \sim K_3$、$L_0 \sim L_3$、$J_0 \sim J_3$ 各直线段，以及锥台后面中线 e 直线段，分别作为各自对应的直角三角形的一条直角边，再将主视图上锥台的垂高 h 作为各自直角三角形的另一条直角边，然后，将各自这条直角边上的 h 直线段端点作为始点，分别与各自对应的直角边上的 $W_0 \sim W_3$、$K_0 \sim K_3$、$L_0 \sim L_3$、$J_0 \sim J_3$ 和 e 等各直线段端点连线，从而得到 17 个直角三角形，则各自所对应的斜边 $W'_0 \sim W'_3$、$K'_0 \sim K'_3$、$L'_0 \sim L'_3$、$J'_0 \sim J'_3$ 和 e' 17 条直线段即为锥台四组实长素线和锥台后面实长中线，如主视图左、右两侧放样图所示。

3. 作展开图 （图 4-36）

按照俯视图上的锥台素线 $W_0 \sim W_3$、$K_0 \sim K_3$、$L_0 \sim L_3$、$J_0 \sim J_3$，圆口圆周每等分段弧长 S，以及 a、b、e 等各直线段所形成的三角形分布规律及各自所在位置，用求得的锥台实长素线 $W'_0 \sim W'_3$、$K'_0 \sim K'_3$、$L'_0 \sim L'_3$、$J'_0 \sim J'_3$ 各直线段去替换上述俯视图中各自所对应的直线段，再用 e' 实长直线段，去替换俯视图中的侧平线 e 直线段，最后，将替换后的新三角形依次有序地拼画在一个平面上，全部拼画完成后所构成的图形即为所求平口双偏心天圆地方锥台展开图。完成好的展开图弧线，编号 0、0 两端点间弧长为 $2\pi r$。

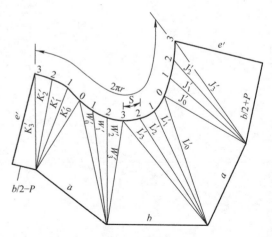

图 4-36　展开图

十三、底口倾斜正心天圆地方锥台（图 4-37）展开

1. 已知条件（图 4-38）

已知尺寸 a、b、r、β、h，求作展开图。

2. 作放样图（图 4-38）

设锥台圆口圆周分为 12 等份。

1）用已知尺寸，以 1:1 比例在放样平台上，按施工图提供的被展体图样画出主视图，及与主视图相对应的俯视图。

2）为方便作展开图，首先要完善俯视图有关线段，因此，在俯视图上将圆口圆周分为 12 等份，则 1/4 圆周分为三等份，有四个等分点，将这四个等分点编号为 0~3，而圆周每等分段弧长用字母 S 表示。

3）俯视图方口四角点，分别与各自对应的圆口 1/4 圆周各等分点连线，这样共四组线段，为锥台素线。

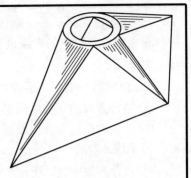

图 4-37 立体图

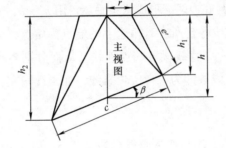

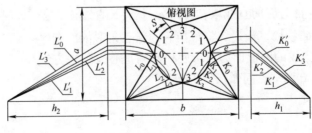

图 4-38 放样图

4）由于锥台是正心，俯视图四组锥台素线的反映都一样，但是，在主视图中锥台底口左低右高倾斜，说明锥台两侧垂直高度不一样，很显然各对应的素线也不一样，因此，锥台左、右素线分别带字母编号为 $K_0 \sim K_3$、$L_0 \sim L_3$。锥台右侧中线作为展开对接缝，用字母 e 表示。

5）根据第一章所介绍的直线段投影特性，对照主、俯视图各直线段做如下分析：

① 锥台方口边 a 直线段属正垂线，在俯视图中其长度反映实长。

② 锥台方口边 b 直线段属正平线，在俯视图中是一条缩短了的直线段，不反映实长，而在主视图中的反映是一条倾斜的实长直线段，用字母 c 表示。

③ 锥台右侧中线 e 属正平线，在俯视图中是一条缩短了的直线段，不反映实长，而主视图中锥台右侧斜边 e' 直线段反映实长。

④ 锥台素线 $K_0 \sim K_3$、$L_0 \sim L_3$ 各直线段属一般位置线，在主、俯视图中其长度均缩短，不反映实长，实长只能通过作放样图获得。

6）采用直角三角形求实长的方法来解一般位置线，具体方法是将俯视图上锥台素线 $K_0 \sim K_3$ 和 $L_0 \sim L_3$ 直线段作为各自直角三角形的一条直角边，由于主视图锥台底边倾斜，其底边两端形成两条垂高，用 h_1、h_2 表示，再将锥台两侧垂高 h_1、h_2 分别作为各自对应直角三角形的另一条直角边，再以 h_1、h_2 直线段各自所在直角边上的端点为始点，分别与各自对应的另一条直角边上的 $K_0 \sim K_3$ 和 $L_0 \sim L_3$ 直线段各端点连线，从而分别各得 4 个直角三角形，则斜边 $K'_0 \sim K'_3$ 和 $L'_0 \sim L'_3$ 各直线段即为锥台实长素线，如俯视图左、右两侧放样图所示。

3. 作展开图（图 4-39）

按照俯视图上锥台素线 $L_0 \sim L_3$ 和 $K_0 \sim K_3$，圆口圆周每等分段弧长 S，以及 a、b、e 等各直线段所形成的三角形分布规律及各自所在位置，用求得的实长素线 $K'_0 \sim K'_3$ 和 $L'_0 \sim L'_3$ 各直线段，去替换上述俯视图中各自对应的直线段，再用 c、e' 实长直线段，去分别替换俯视图中各自对应的正平线 b、e 直线段，最后，将替换后的新三角形依次有序地拼画在一个平面上，全部拼画完成后所构成的图形即为所求底口倾斜正心天圆地方锥台展开图。完成好的展开图弧线，编号 0、0 两端点间弧长为 $2\pi r$。

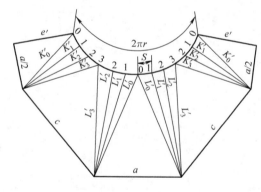

图 4-39　展开图

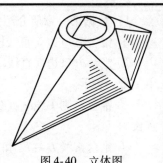

图 4-40 立体图

4) 根据第一章所介绍的直线段投影特性，对照主、俯视图各直线段做如下分析：

① 锥台方口边 a 直线段属正垂线，在俯视图中其长度反映实长。

② 锥台方口边 b 直线段属正平线，在俯视图中是一条缩短了的直线段不反映实长，而在主视图中的反映是一条倾斜的实长直线段，用字母 c 表示。

③ 锥台右侧中线 e 直线段属正平线，在俯视图中是一条缩短了的直线段，不反映实长，而主视图中锥台右侧斜边 e' 直线段反映实长。

④ 锥台素线 $L_0 \sim L_3$ 和 $K_0 \sim K_3$ 各直线段属一般位置线，在主、俯视图中其长度均缩短，不反映实长，实长只能通过作放样图解决。

5) 采用直角三角形求实长的方法来解一般位置线，具体方法是将俯视图上锥台素线 $K_0 \sim K_3$ 和 $L_0 \sim L_3$ 直线段作为各自直角三角形的一条直角边，由于主视图锥台底边倾斜，其底边两端形成两条垂高，用 h_1 和 h_2 表示，分别作为各自对应直角三角形的另一条直角边，再以 h_1 和 h_2 直线段各自所在直角边的端点为始点，分别与各自对应的另一条直角边上的 $K_0 \sim K_3$ 和 $L_0 \sim L_3$ 直线段各端点连线，从而分别各自得到 4 个三角形，则斜边 $K'_0 \sim K'_3$ 和 $L'_0 \sim L'_3$ 各直线段即为锥台实长素线，如俯视图左、右两侧放样图所示。

3. 作展开图（图 4-42）

按照俯视图上锥台素线 $K_0 \sim K_3$ 和 $L_0 \sim L_3$，圆口圆周每等分段弧长 S，以及 a、b、e 等各直线段所形成的三角形分布规律及各自所在位置，用求得的锥台实长素线 $K'_0 \sim K'_3$ 和 $L'_0 \sim L'_3$ 各直线段，去替换上述俯视图中各自对应的直线段，再用 c 和 e' 实长直线段，去分别替换俯视图中各自对应的正平线 b 和 e 直线段，最后，将替换后的新三角形依次有序地拼画在一个平面上，全部拼画完成后所构成的图形即为所求底口倾斜偏心天圆地方锥台展开图。完成好的展开图弧线，编号 0、0 两端点间弧长为 $2\pi r$。

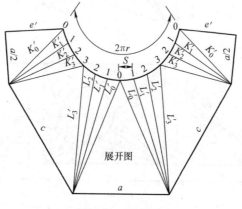

图 4-42　展开图

十五、底口倾斜双偏心天圆地方锥台（图 4-43）展开

1. 已知条件（图 4-44）

已知尺寸 a、b、r、P、d、β、h，求作展开图。

2. 作放样图（图 4-44）

设锥台圆口圆周分为 12 等份。

1）用已知尺寸，以 1:1 比例在放样平台上，按施工图提供的被展体图样画出主视图及与主视图相对应的俯视图。

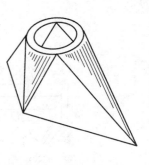

图 4-43　立体图

2）为方便作展开图，首先要完善俯视图有关线段，因此，在俯视图上将锥台圆口圆周分为 12 等份，则 1/4 圆周分为 3 等份，有四个等分点，将这四个等分点编号为 0~3，而圆周每等分段弧长用字母 S 表示。

3）俯视图方口四角点，分别与各自对应的圆口 1/4 圆周各等分点连线，连线完后共四组线段，为锥台素线。由于锥台双偏心，锥台左前、左后、右前、右后四组素线均不相同，因此，分别带字母编号为 K_0~K_3、J_0~J_3、F_0~F_3、L_0~L_3。锥台左侧中线作为展开对接缝，用字母 e 表示。

4）根据第一章所介绍的直线段投影特性，对照主、俯视图中各直线段做如下分析：

① 俯视图锥台方口边 a 直线段属正垂线，在俯视图中其长度反映实长。

② 俯视图锥台方口边 b 直线段属正平线，在俯视图中是一条缩短了的直线段，不反映实长，而在主视图中的反映是一条倾斜的实长直线段，用字母 c 表示。

③ 锥台左侧中线 e 直线段属正平线，在俯视图中是一条缩短了的直线段，不反映实长，而在主视图中锥台左侧斜边 e' 直线段反映实长。

④ 锥台素线 K_0~K_3、J_0~J_3、F_0~F_3、L_0~L_3 各直线段，均属一般位置线，在主、俯视图中其长度均缩短，不反映实长，其实长只能通过作放样图获得。

5）采用直角三角形求实长的方法来解决一般位置线，具体方法是，将俯视图上锥台素线 K_0~K_3、J_0~J_3、F_0~F_3、L_0~L_3 四组直线段分别作为各自直角三角形的一条直角边，由于主视图锥台底边倾斜，其底边两端形成两条垂高，用 h_1 和 h_2 表示，再将锥台两侧垂高 h_1 和 h_2 分别作为各自对应的直角三角形的另一条直角边，然后，以 h_1 和 h_2 直线段各自所在直角边上的端点为始点，分别与各自对应的另一条直角边上的 K_0~K_3、J_0~J_3 和 F_0~F_3、L_0~L_3 直线段各端点连线，从而分别各得 8 个直角三角形，则斜边 K'_0~K'_3、J'_0~J'_3 和 F'_0~F'_3、L'_0~L'_3 各直线段即为锥台实长素线，如主视图左、右侧，俯视图左、下侧放样图所示。

3. 作展开图（图 4-45）

按照俯视图上锥台素线 K_0~K_3、J_0~J_3 和 F_0~F_3、L_0~L_3，圆口圆周每等分段弧长 S，以及 a、b、e 等各直线段所形成的三角形分布规律及各自所在位置，用求得的锥台实长素线 K'_0~K'_3、J'_0~J'_3 和 F'_0~F'_3、L'_0~L'_3 各直线段，去替换上述俯视图中各自对应的直线段，

再用 c 和 e' 实长直线段，去分别替换俯视图中各自对应的正平线 b 和 e 直线段。最后，将替换后的新三角形依次有序地拼画在一个平面上，全部拼画完成后所构成的图形即为所求底口倾斜双偏心天圆地方锥台展开图。完成好的展开图弧线，编号 0、0 两端点间弧长为 $2\pi r$。

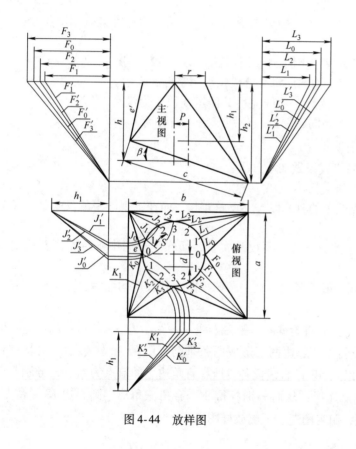

图 4-44 放样图

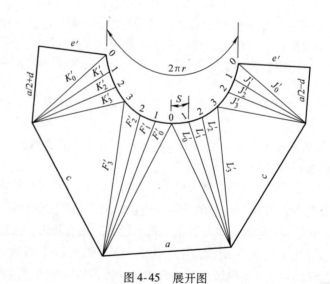

图 4-45 展开图

十六、顶口倾斜正心天圆地方锥台（图4-46）展开

1. 已知条件（图4-47）

已知尺寸 a、b、r、β、h，求作展开图。

2. 作放样图（图4-47）

设锥台圆口圆周分为12等份。

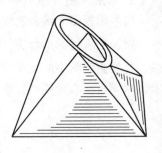

图4-46 立体图

1）用已知尺寸，以1∶1比例在放样平台上，按施工图提供的被展体图样画出主视图，并对圆口作截面半圆，6等分半圆周，则1/2半圆周分为3等份，各等分点编号为0~3。再过半圆周各等分点向锥台圆口边引垂线，交圆口边于0~3~0各点。圆周每等分段弧长用字母 S 表示。

2）画出与主视图相对应的俯视图，以主、俯视图投影中心为圆心，以已知尺寸 r 为半径画圆，并12等分圆周，各等分点与主视图对应编号0~3~0，同时过圆周各等分点对应画水平线，然后过主视图圆口边0~3~0各点向下引垂线，与俯视图各等分点水平线对应相交于0'~3'~0'各点，用光滑曲线连接0'~3'~0'各点即为俯视图锥台圆口投影椭圆。

3）为方便作展开图，首先要完善俯视图有关线段，因此，分别过俯视图方口四角点，与各自对应的1/4椭圆0'~3'各点连线，连接完后共四组线段，为锥台素线。锥台虽然正心，但由于顶口倾斜，锥台左、右两侧垂高不同，所对应的锥台素线也不同，因此，分别对锥台左、右素线带字母编号为 $K'_0 \sim K'_3$ 和 $L'_0 \sim L'_3$。锥台右侧中线作为展开对接缝，用字母 e 表示。

4）根据第一章所介绍的直线段投影特性，对照主、俯视图中各直线段做如下分析：

① 俯视图锥台方口边 a 直线段属正垂线，在俯视图中其长度反映实长。

② 俯视图锥台方口边 b 直线段属侧垂线，在主、俯视图中其长度均反映实长。

③ 俯视图锥台右侧中线 e 直线段属正平线，在俯视图中是一条缩短了的直线段，不反映实长，而在主视图中锥台右侧斜边 e' 直线段反映实长。

④ 俯视图锥台素线 $K'_0 \sim K'_3$ 和 $L'_0 \sim L'_3$ 各直线段，均属一般位置线，在主、俯视图中其长度均缩短，不反映实长，其实长只能通过作放样图获得。

5）采用直角三角形求实长的方法来解一般位置线，具体方法是，将俯视图上锥台素线 $K'_0 \sim K'_3$ 和 $L'_0 \sim L'_3$ 直线段，作为各自直角三角形的一条直角边，由于主视图锥台顶口倾斜，其两端至底口边垂高不同，用 h_1 和 h_2 表示，再将垂高 h_1 和 h_2 分别作为各自对应的直角三角形的另一条直角边，然后，以 h_1 和 h_2 直线段所在直角边的端点为始点，分别与各自对应的另一条直角边上 $K'_0 \sim K'_3$ 和 $L'_0 \sim L'_3$ 直线段各端点连线，从而分别各得4个直角三角形，则斜边 $K''_0 \sim K''_3$ 和 $L''_0 \sim L''_3$ 各直线段即为锥台实长素线，如俯视图左、右两侧放样图所示。

3. 作展开图（图 4-48）

按照俯视图上锥台素线 $K'_0 \sim K'_3$ 和 $L'_0 \sim L'_3$，圆口圆周每等分段弧长 S，以及 a、b、e 等各直线段所形成的三角形分布规律及各自所在位置，用求得的锥台实长素线 $K''_0 \sim K''_3$ 和 $L''_0 \sim L''_3$ 各直线段，替换俯视图中各自对应的 $K'_0 \sim K'_3$ 和 $L'_0 \sim L'_3$ 各直线段，再用 e' 实长直线段，替换俯视图中的正平线 e 直线段，最后，将替换后的新三角形依次有序地拼画在一个平面上，全部拼画完成后所构成的图形即为所求顶口倾斜正心天圆地方锥台展开图。完成好的展开图弧线，编号 0、0 两端点间弧长为 $2\pi r$。

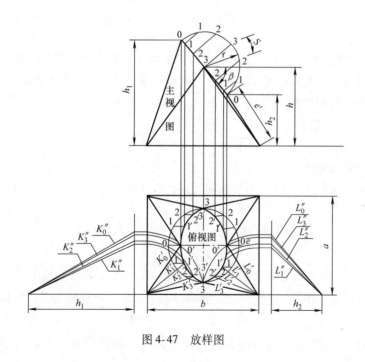

图 4-47　放样图

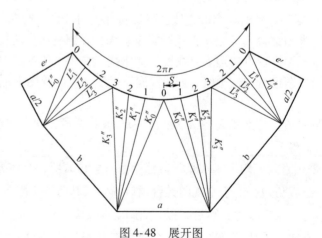

图 4-48　展开图

十七、顶口倾斜偏心天圆地方锥台（图4-49）展开

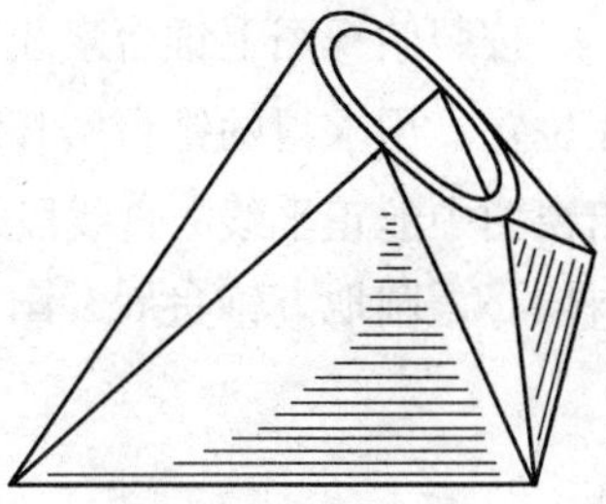

1. 已知条件（图4-50）

已知尺寸 a、b、r、P、β、h，求作展开图。

2. 作放样图（图4-50）

设锥台圆口圆周分为 12 等份。

1）用已知尺寸，以 1:1 比例在放样平台上，按施工图提供的被展体图样画出主视图，并对圆口作截面半圆，6 等分半圆周，则 1/2 半圆周分为 3 等份，各等分点编号为 0～3。再过半圆周各等分点向锥台圆口边引垂线，交圆口边于 0～3～0 各点。圆周每等分段弧长用字母 S 表示。

图4-49 立体图

2）画出与主视图相对应的俯视图，以主、俯视图圆口投影中心为圆心，以已知尺寸 r 为半径画圆，并 12 等分圆周，各等分点与主视图对应编号 0～3～0，同时过圆周各等分点对应画水平线，然后过主视图圆口边 0～3～0 各点向下引垂线，与俯视图各等分点水平线对应相交于 0'～3'～0' 各点，用光滑曲线连接 0'～3'～0' 各点即为俯视图锥台圆口投影椭圆。

3）为方便作展开图，首先要完善俯视图有关线段，因此，分别过俯视图方口四角点，与各自对应的 1/4 椭圆 0'～3' 各点连线，连接完后共四组线段，为锥台素线。由于锥台偏心，俯视图锥台左、右两侧素线不相同，因此，分别对左、右锥台素线带字母编号为 $K'_0 \sim K'_3$ 和 $L'_0 \sim L'_3$。锥台右侧中线作为展开对接缝，用字母 e 表示。

4）根据第一章所介绍的直线段投影特性，对照主、俯视图中各直线段做如下分析：

① 俯视图锥台方口边 a 直线段属正垂线，在俯视图中其长度反映实长。

② 俯视图锥台方口边 b 直线段属侧垂线，在主、俯视图中其长度均反映实长。

③ 俯视图锥台右侧中线 e 直线段属正平线，在俯视图中是一条缩短了的直线段，不反映实长，而在主视图中锥台右侧斜边 e' 直线段反映实长。

④ 俯视图锥台素线 $K'_0 \sim K'_3$ 和 $L'_0 \sim L'_3$ 各直线段，均属一般位置线，在主、俯视图中其长度均缩短，不反映实长，实长只能通过作放样图获得。

5）采用直角三角形求实长的方法来解一般位置线，具体方法是，将俯视图上锥台素线 $K'_0 \sim K'_3$ 和 $L'_0 \sim L'_3$ 各直线段，分别作为各自直角三角形的一条直角边，由于主视图锥台顶口倾斜，其两端至底口边垂高不同，用 h_1 和 h_2 表示，再以垂高 h_1 和 h_2 分别作为各自对应的直角三角形的另一条直角边，然后，以 h_1 和 h_2 直线段所在直角边上的端点为始点，分别与各自对应的另一条直角边上的 $K'_0 \sim K'_3$ 和 $L'_0 \sim L'_3$ 直线段各端点连线，从而分别各得 4 个直角三角形，则斜边 $K''_0 \sim K''_3$ 和 $L''_0 \sim L''_3$ 各直线段即为锥台实长素线，如俯视图左、右两侧放样图所示。

3. 作展开图（图 4-51）

按照俯视图上锥台素线 $K'_0 \sim K'_3$ 和 $L'_0 \sim L'_3$，圆口圆周每等分段弧长 S，以及 a、b、e 等各直线段所形成的三角形分布规律及各自所在位置，用求得的锥台实长素线 $K''_0 \sim K''_3$ 和 $L''_0 \sim L''_3$ 各直线段，去替换上述俯视图中各自对应的直线段，再用 e' 实长直线段，去替换上述俯视图中的正平线 e 直线段，最后，将替换后的新三角形依次有序地拼画在一个平面上，全部拼画完成后所构成的图形即为所求顶口倾斜偏心天圆地方锥台展开图。完成好的展开图弧线，编号 0、0 两端点间弧长为 $2\pi r$。

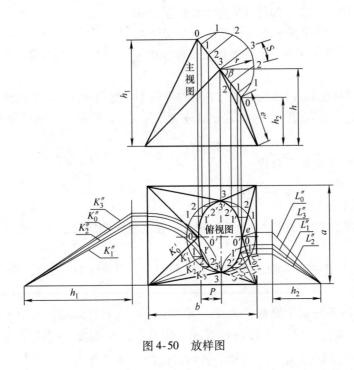

图 4-50 放样图

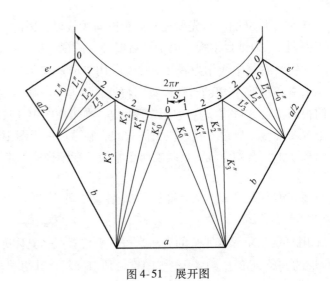

图 4-51 展开图

十八、顶口倾斜双偏心天圆地方锥台（图4-52）展开

1. 已知条件（图4-53）

已知尺寸 a、b、r、P、c、β、h，求作展开图。

2. 作放样图（图4-53）

设锥台圆口圆周分为12等份。

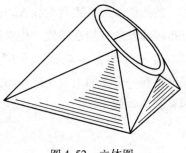

图4-52 立体图

1）用已知尺寸，以1∶1比例在放样平台上，按施工图提供的被展体图样画出主视图，并对圆口作截面半圆，6等分半圆周，则1/2半圆周分为3等份，各等分点编号为0～3。再过半圆周各等分点向锥台圆口边引垂线，交圆口边于0～3～0各点。圆周每等分段弧长用字母 S 表示。

2）画出与主视图相对应的俯视图，以主、俯视图圆口投影中心为圆心，以已知尺寸 r 为半径画圆，并12等分圆周，各等分点与主视图对应编号0～3～0，同时过圆周各等分点对应画水平线，然后过主视图圆口边0～3～0各点向下引垂线，与俯视图各等分点水平线对应相交于 $0'～3'～0'$ 各点，用光滑曲线连接 $0'～3'～0'$ 各点即为俯视图锥台圆口投影椭圆。

3）为方便作展开图，首先要完善俯视图有关线段，因此，分别过俯视图方口四角点，与各自对应的1/4椭圆 $0'～3'$ 各点连线，连接完后共四组线段，为锥台素线。由于锥台双偏心，俯视图锥台左前、左后、右前、右后四组素线均不相同，因此，分别对各组素线带字母编号为 $K'_0～K'_3$、$J'_0～J'_3$、$L'_0～L'_3$、$W'_0～W'_3$。锥台右侧中线 e 作为展开对接缝，用字母 e 表示。

4）根据第一章所介绍的直线段投影特性，对照主、俯视图中各直线段做如下分析：

① 俯视图锥台方口边 a 直线段属正垂线，在俯视图中其长度反映实长。

② 俯视图锥台方口边 b 直线段属侧垂线，在主、俯视图中其长度均反映实长。

③ 俯视图锥台右侧中线 e 直线段属正平线，在俯视图中是一条缩短了的直线段，不反映实长，而在主视图中锥台右侧斜边 e' 直线段反映实长。

④ 锥台素线 $K'_0～K'_3$、$J'_0～J'_3$、$L'_0～L'_3$、$W'_0～W'_3$ 各直线段，均属一般位置线，在主、俯视图中其长度均缩短，不反映实长，其实长只能通过作放样图获得。

5）采用直角三角形求实长的方法来解一般位置线，具体方法是，将俯视图上锥台素线 $K'_0～K'_3$、$J'_0～J'_3$、$L'_0～L'_3$、$W'_0～W'_3$ 四组直线段，作为各自直角三角形的一条直角边，由于主视图锥台顶口倾斜，其两端至底口边垂高不同，用 h_1 和 h_2 表示，再将垂高 h_1 和 h_2 分别作为各自对应的直角三角形的另一条直角边，然后，以 h_1 和 h_2 直线段所在直角边上的端点为始点，分别与各自对应的另一条直角边上的 $K'_0～K'_3$、$J'_0～J'_3$ 和 $L'_0～L'_3$、$W'_0～W'_3$ 直线段各端点连线，从而分别各得8个直角三角形，则斜边 $K''_0～K''_3$、$J''_0～J''_3$ 和 $L''_0～L''_3$、$W''_0～W''_3$ 各直线段即为锥台实长素线，如主、俯视图左、右两侧放样图所示。

3. 作展开图（图 4-54）

按照俯视图上锥台素线 $K_0' \sim K_3'$、$J_0' \sim J_3'$ 和 $L_0' \sim L_3'$、$W_0' \sim W_3'$，圆口圆周每等分段弧长 S，以及 a、b、e 等各直线段所形成的三角形分布规律及各自所在位置，用求得的锥台实长素线 $K_0'' \sim K_3''$、$J_0'' \sim J_3''$ 和 $L_0'' \sim L_3''$、$W_0'' \sim W_3''$ 各直线段，去替换俯视图中各自对应的 $K_0' \sim K_3'$、$J_0' \sim J_3'$ 和 $L_0' \sim L_3'$、$W_0' \sim W_3'$ 各直线段，再用 e' 实长直线段，去替换俯视图中的正平线 e 直线段，最后，将替换后的新三角形依次有序地拼在一个平面上，全部拼画完成后所构成的图形即为所求顶口倾斜双偏心天圆地方锥台展开图。完成好的展开图弧线，编号 0、0 两端点间弧长为 $2\pi r$。

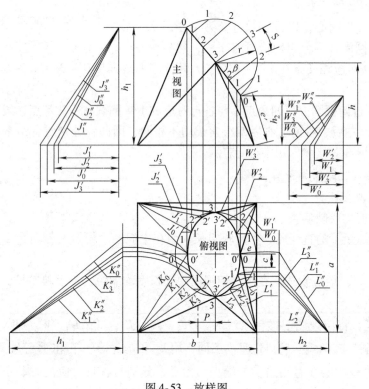

图 4-53　放样图

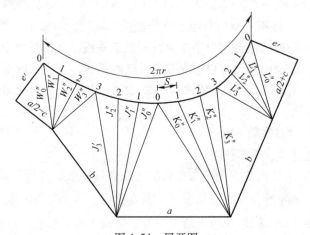

图 4-54　展开图

十九、平口正心天方地圆锥台（图4-55）展开

1. 已知条件（图4-56）

已知尺寸 a、R、h，求作展开图。

2. 作放样图（图4-56）

设锥台底口圆周分为 16 等份。

1）用已知尺寸，以 1∶1 比例在放样平台上，按施工图提供的被展体图样画出主视图及与主视图相对应的俯视图。

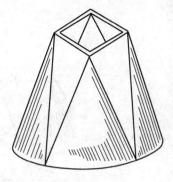

图4-55　立体图

2）为作展开图创造条件，首先要完善俯视图有关线段，在俯视图上将圆口圆周分为 16 等份，则 1/8 圆周分为 2 等份，有 3 个等分点，将这 3 个等分点编号 0～2，而圆周每等分段弧长用字母 S 表示。

3）俯视图锥台方口四角点，分别与各自对应的 1/4 圆周各等分点连线，连接完后共四组线段，为锥台素线。由于锥台正心，方口又是正方形，因此，锥台四组素线均相同，而且每组线段又是对称形，所以只对三条素线编号即可，带字母编号为 K_0～K_2，另外，锥台左侧中线作为展开对接缝，用字母 e 表示。

4）根据第一章所介绍的直线段投影特性，对照主、俯视图各直线段做如下分析：

① 锥台方口边 a 直线段属侧平线，在主、俯视图中其长度均反映实长。

② 锥台中线 e 直线段属正平线，在俯视图中是一条缩短了的直线段，不反映实长，而主视图中锥台侧面斜边 e' 直线段反映实长。

③ 锥台素线 K_0～K_2 各直线段属一般位置线，在主、俯视图中其长度均缩短，不反映实长，实长只能通过作放样图获得。

5）采用直角三角形求实长的方法来解决一般位置线，具体方法是将俯视图上锥台素线 K_0～K_2 直线段作直角三角形的一条直角边，再将主视图锥台高 h 作为直三角形的另一条直角边，然后，以 h 直线段所在直角边端点为始点，与对应直角边上的 K_0～K_2 直线段各端点连线，从而得到 3 个直角三角形，则斜边 K_0'～K_2' 直线段即为锥台实长素线，如主视图左侧放样图所示。

3. 作展开图（图4-57）

按照俯视图锥台素线 K_0～K_2，圆口圆周每等分段弧长 S，以及 a、e 等各直线段所形成的三角形分布规律及各自所在位置，用求得的锥台实长素线 K_0'～K_2' 各直线段，替换俯视图中对应的 K_0～K_2 各直线段，再用 e' 实长直线段替换俯视图中对应的 e 直线段，最后，将替换后的新三角形依次有序地拼画在一个平面上，全部拼画完成后所构成的图形即为所求平口正心天方地圆锥台展开图。完成好的展开图弧线，编号 0、0 两端点间弧长为 $2\pi r$。

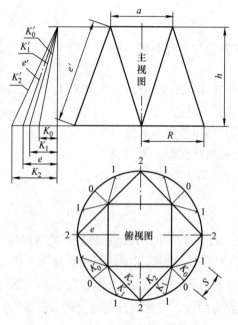

图 4-56 放样图

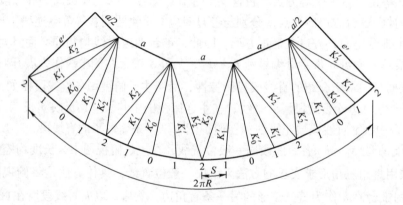

图 4-57 展开图

二十、平口偏心天方地圆锥台（图4-58）展开

1. 已知条件（图4-59）

已知尺寸 a、b、R、P、h，求作展开图。

2. 作放样图（图4-59）

设锥台底口圆周分为12等份。

1）用已知尺寸，以1:1比例在放样平台上，按施工图提供的被展体图样画出主视图及与主视图相对应的俯视图。

图4-58　立体图

2）为作展开图创造条件，首先要完善俯视图有关线段，在俯视图上将圆口圆周分为12等份，则1/4圆周分为3等份，有4个等分点，将这4个点编号0~3，而圆周每等分段弧长用字母 S 表示。

3）俯视图锥台方口四角点，分别与各自对应的1/4圆周各等分点连线，连接完后共四组线段，为锥台素线。由于锥台偏心，锥台左、右两侧素线不相同，因此，分别带字母编号为 $L_0 \sim L_3$ 和 $K_0 \sim K_3$，另外，锥台左侧中线作为展开对接缝，用字母 e 表示。

4）根据第一章所介绍的直线段投影特性，对照主、俯视图各直线段做如下分析：

① 锥台方口边 a 直线段属正垂线，在俯视图中其长度反映实长。

② 锥台方口边 b 直线段属侧垂线，在主、俯视图中其长度均反映实长。

③ 锥台左侧中线 e 直线段属正平线，在俯视图中是一条缩短了的直线段，不反映实长，而主视图中锥台左侧斜边 e' 直线段反映实长。

④ 锥台素线 $L_0 \sim L_3$ 和 $K_0 \sim K_3$ 各直线段属一般位置线，在主、俯视图中其长度均缩短，不反映实长，实长只能通过作放样图解决。

5）采用直角三角形求实长的方法来解决一般位置线，具体方法是将俯视图上锥台素线 $L_0 \sim L_3$ 和 $K_0 \sim K_3$ 直线段作为直角三角形的一条直角边，再将主视图锥台高 h 作为直角三角形的另一条直角边，然后，以 h 直线段所在直角边端点为始点，分别与各自对应直角边上 $L_0 \sim L_3$ 和 $K_0 \sim K_3$ 直线段各端点连线，从而各自得到四个直角三角形，则斜边 $L'_0 \sim L'_3$ 和 $K'_0 \sim K'_3$ 直线段即为锥台实长素线，如主视图左、右两侧放样图所示。

3. 作展开图（图4-60）

按照俯视图锥台素线 $L_0 \sim L_3$ 和 $K_0 \sim K_3$，圆口圆周每等分段弧长 S，以及 a、b、e 等各直线段所形成的三角形分布规律及各自所在位置，用求得的锥台实长素线 $L'_0 \sim L'_3$ 和 $K'_0 \sim K'_3$ 各直线段，替换俯视图中各自对应的 $L_0 \sim L_3$ 和 $K_0 \sim K_3$ 直线段，再用 e' 实长直线段替换俯视图中对应的 e 直线段，最后，将替换后的新三角形依次有序地拼画在一个平面上，全部拼画完成后所构成的图形即为所求平口偏心天方地圆锥台展开图。完成好的展开图弧线，编号0、0两端点弧长为 $2\pi R$。

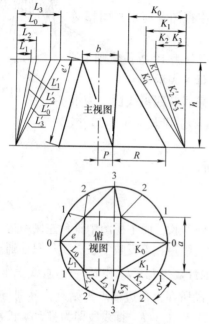

图 4-59 放样图

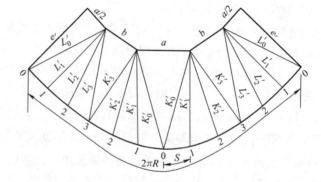

图 4-60 展开图

二十一、平口双偏心天方地圆锥台（图 4-61）展开

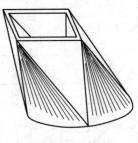

图 4-61　立体图

1. 已知条件（图 4-62）

已知尺寸 a、b、R、P、e、h，求作展开图。

2. 作放样图（图 4-62）

设锥台底口圆周分为 12 等份。

1）用已知尺寸，以 1:1 比例在放样平台上，按施工图提供的被展体图样画出主视图及与主视图相对应的俯视图。

2）为作展开图创造条件，首先要完善俯视图有关线段，在俯视图上将圆口圆周分为 12 等份，则 1/4 圆周分为 3 等份，有 4 个等分点，将这 4 个点编号为 0~3，而圆周每等分段弧长用字母 S 表示。

3）俯视图锥台方口四角点，分别与各自对应的 1/4 圆周各等分点连线，连接完后共四组线段，为锥台素线。由于锥台双偏心，则锥台四组素线均不相同，因此，分别带字母编号为 K_0~K_3、W_0~W_3、J_0~J_3、L_0~L_3，另外，锥台左侧中线作为展开对接缝，用字母 C 表示。

4）根据第一章所介绍的直线段投影特性，对照主、俯视图各直线段做如下分析：

① 锥台方口边 a 直线段属正垂线，在俯视图中其长度反映实长。

② 锥台方口边 b 直线段属侧垂线，在主、俯视图中其长度均反映实长。

③ 锥台左侧中线 C 直线段属正平线，在俯视图中是一条缩短了的直线段，不反映实长，而主视图锥台左侧斜边 C' 直线段反映实长。

④ 锥台素线 K_0~K_3、W_0~W_3、J_0~J_3、L_0~L_3 各直线段属一般位置线，在主、俯视图中其长度均缩短，不反映实长，实长只能通过作放样图解决。

5）采用直角三角形求实长的方法来解决一般位置线，具体方法是，将俯视图锥台素线 K_0~K_3、W_0~W_3、J_0~J_3、L_0~L_3 各直线段分别作为各自直角三角形的一条直角边，再将主视图锥台高 h 分别作为各自对应的直角三角形的另一条直角边，然后，以 h 所在直角边端点为始点，分别与各自对应的直角边上 K_0~K_3、W_0~W_3、J_0~J_3、L_0~L_3 直线段各端点连线，从而各得四个直角三角形，则斜边 K'_0~K'_3、W'_0~W'_3、J'_0~J'_3、L'_0~L'_3 各直线段即为锥台实长素线，如主视图左、右两侧放样图所示。

3. 作展开图（图 4-63）

按照俯视图锥台素线 K_0~K_3、W_0~W_3、J_0~J_3、L_0~L_3，圆口圆周每等分段弧长 S，以及 a、b、c 等直线段所形成的三角形分布规律及各自所在位置，用求得的锥台实长素线 K'_0~K'_3、W'_0~W'_3、J'_0~J'_3、L'_0~L'_3 各直线段，替换俯视图中各自对应的 K_0~K_3、W_0~W_3、J_0~J_3、L_0~L_3 直线段，再用 C' 实长直线替换俯视图中对应的 C 直线段，最后，将替换后的新三角形依次有序地拼画在一个平面上，全部拼画完成后所构成的图形即为所求平口双偏心天方地圆锥台展开图。完成好的展开图弧线，编号 0、0 两端点间弧长为 $2\pi R$。

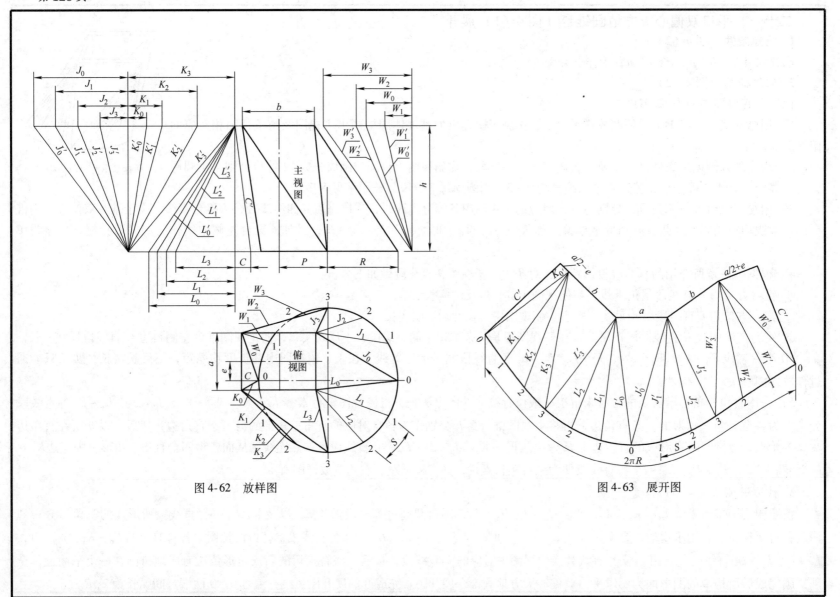

图 4-62 放样图

图 4-63 展开图

二十二、底口倾斜正心圆锥台（图 4-64）展开

1. 已知条件（图 4-65）

已知尺寸 R、r、β、h，求作展开图。

2. 作放样图（图 4-65）

设圆锥台顶、底口圆周均分为 12 等份。

1）用已知尺寸，以 1:1 比例在放样平台上，按施工图提供的被展体图样画出主视图，并对倾斜 β 角底口作截面半圆，6 等分半圆周，各等分点编号为 0~6。再过半圆周各等分点向锥台底口边引垂线，交底口边于 0~6 各点。

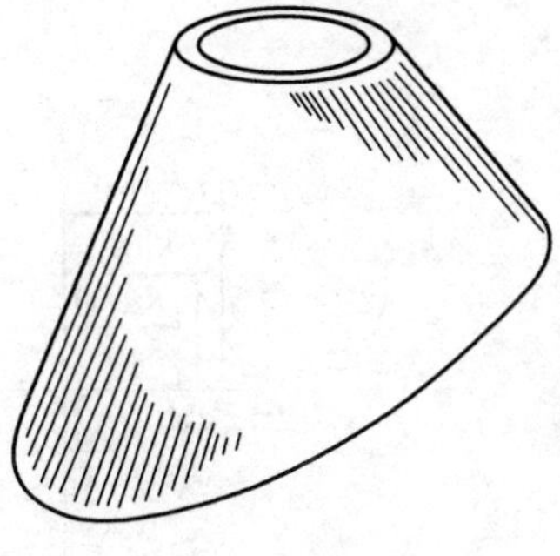

图 4-64 立体图

2）画出与主视图相对应的俯视图，以主、俯视图投影中心点为圆心，分别以已知尺寸 R、r 为半径画大、小两个同心圆，并 12 等分大、小圆周，大、小圆周各等分点编号为 0~6~0，大、小口圆周每等分段弧长分别用字母 S、M 表示。过大圆周各等分点对应画水平线，然后，过主视图锥台底口边 0~6 各点向下引垂线，与俯视图大口各等分点水平线对应相交于 $0'$~$6'$~$0'$ 各点，曲线连接 $0'$~$6'$~$0'$ 各点即为俯视图圆锥台底口投影椭圆。

3）为作展开图创造条件，首先要完善俯视图有关线段，俯视图锥台底口椭圆周 $0'$~$6'$~$0'$ 各点，分别与锥台顶口圆周 0~6~0 各点对应连线，从而得到圆锥台素线，带字母编号为 L_0~L_6，对俯视图每个四边形任一对角用虚线连接为辅助线，把四边形全部分割成三角形，以便锥台作展开图。辅助线带字母编号为 K_0~K_2、K_4~K_6。

4）俯视图中锥台素线 L_0~L_6 和辅助线 K_0~K_2、K_4~K_6 等各直线段属一般位置线，在主、俯视图中均不反映实长，因此，采用直角三角形求实长的方法，将锥台素线 L_0~L_6 各直线段作为直角三角形的一条直角边，再把 L_0~L_6 各直线段所对应的主视图底口各点至顶口端面的垂直高 h_0~h_6 各直线段作为各自直角三角形的另一条直角边，然后，分别对应连接两直角边端点，从而得到 7 个直角三角形，则斜边 L'_0~L'_6 即为圆锥台展开各实长素线，如主视图圆锥台右侧放样图所示。同时，又将辅助线 K_0~K_2、K_4~K_6 各直线段作为直角三角形的一条直角边，再把 K_0~K_2、K_4~K_6 各直线段所对应的主视图底口各点至顶口端面的垂直高 h_0~h_2、h_4~h_6 各直线段作为各自直角三角形的另一条直角边，然后，分别对应连接两直角边端点，从而得到 6 个直角三角形，则斜边 K'_0~K'_2、K'_4~K'_6 即为圆锥台展开各实长辅助线，如主视图圆锥台左侧放样图所示。

3. 作展开图（图 4-66）

按照俯视图上 L_0~L_6 各素线，K_0~K_2、K_4~K_6 各辅助线与顶、底圆口圆周每等分段弧长 M、S 所形成的三角形分布规律，及各自所在位置，用求得的实长素线 L'_0~L'_6 及实长辅助线 K'_0~K'_2、K'_4~K'_6 分别替换上述俯视图中各自对应的直线段。最后，将替换后的新三角形依次有序地拼画在一个平面上，全部拼画完成后所构成的图形即为所求底口倾斜正心圆锥台展开图。完成好的展开图大、小口弧线，各自编号 0、0 两端点间弧长，分别为 $2\pi R$ 和 $2\pi r$。

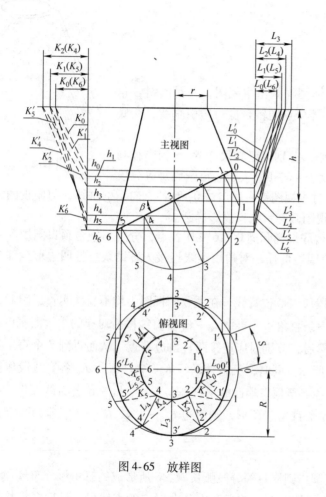

图 4-65　放样图

图 4-66　展开图

二十三、底口倾斜偏心圆锥台（图4-67）展开

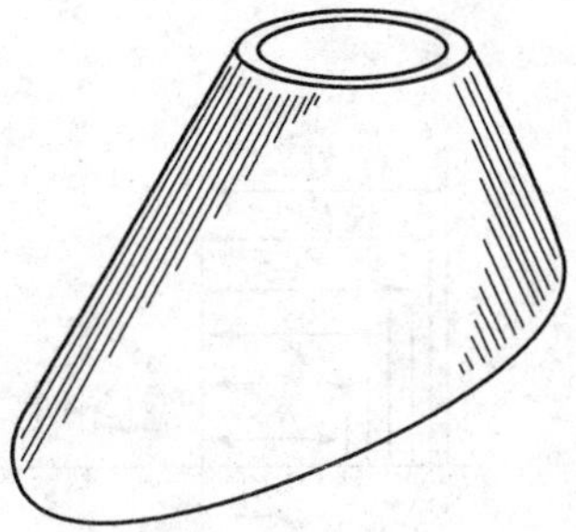

1. 已知条件（图4-68）

已知尺寸为 R、r、P、β、h，求作展开图。

2. 作放样图（图4-68）

设圆锥顶、底口圆周均分为12等份。

1）用已知尺寸，以 1:1 比例在放样平台上，按施工图提供的被展体图样画出主视图，并对倾斜 β 角底口作截面半圆，6 等分半圆周，各等分点编号为 0~6。再过半圆周各等分点向锥台底口边引垂线，交底口边于 0~6 各点。

2）画出与主视图相对应的俯视图，以主、俯视图锥台顶、底两口各自投影中心点为圆心，分别以已知尺寸 R、r 为半径画间距为 P 偏心的大、小两圆，并 12 等分大、小圆周，大、小圆周各等分点编号为 0~6~0，大、小口圆周每等分段弧长分别用字母 S、M 表示。过大圆周各等分点对应画水平线，然后，过主视图锥台底口边 0~6 各点向下引垂线，与俯视图大口各等分点水平线对应相交于 0'~6'~0'各点，曲线连接 0'~6'~0'各点即为俯视图圆锥台底口投影椭圆。

3）为作展开图创造条件，首先要完善俯视图有关线段，俯视图圆锥台底口椭圆周 0'~6'~0'各点分别与锥台顶口圆周 0~6~0 各点对应连线，从而得到圆锥台素线，带字母编号为 L_0~L_6，对俯视图中每个四边形任一对角用虚线连接为辅助线，把四边形全部分割成三角形以便作展开图，辅助线带字母编号为 K_1~K_6。

4）俯视图中锥台素线 L_0~L_6 和辅助线 K_1~K_6 等各直线段属一般位置线，在主、俯视图中均不反映实长，因此，采用直角三角形求实长的方法，将锥台素线 L_0~L_6 各直线段作为直角三角形的一条直角边，再把 L_0~L_6 各直线段所对应的主视图底口各点至顶口端面的垂直高 h_0~h_6 各直线段作为各自直角三角形的另一条直角边，然后，分别对应连接两直角边端点，从而得到 7 个直角三角形，则斜边 L'_0~L'_6 即为圆锥台展开各实长素线，如主视图锥台右侧放样图所示。同时，又将辅助线 K_1~K_6 各直线段作为直角三角形一条直角边，再把 K_1~K_6 各直线段所对应的主视图底口各点至顶口端面的垂直高 h_1~h_6 各直线段作为各自直角三角形的另一条直角边，然后，分别对应连接两直角边端点，从而得到 6 个直角三角形，则斜边 K'_1~K'_6 即为圆锥台展开各实长辅助线，如主视图锥台左侧放样图所示。

3. 作展开图（图4-69）

按照俯视图上 L_0~L_6 各素线，K_1~K_6 各辅助线，与顶、底圆口圆周每等分段弧长 M、S 所形成的三角形分布规律及各自所在位置，用求得的实长素线 L'_0~L'_6 及实长辅助线 K'_1~K'_6 分别替换上述俯视图中各自对应的直线段，最后，将替换后的新三形依次有序地拼画在一个平面上，全部拼画完成后所构成的图形即为所求被展体底口倾斜偏心圆锥台展开图。完成好的展开图大、小口弧线各自编号 0、0 两端点间弧长，分别为 $2\pi R$ 和 $2\pi r$。

图4-67 立体图

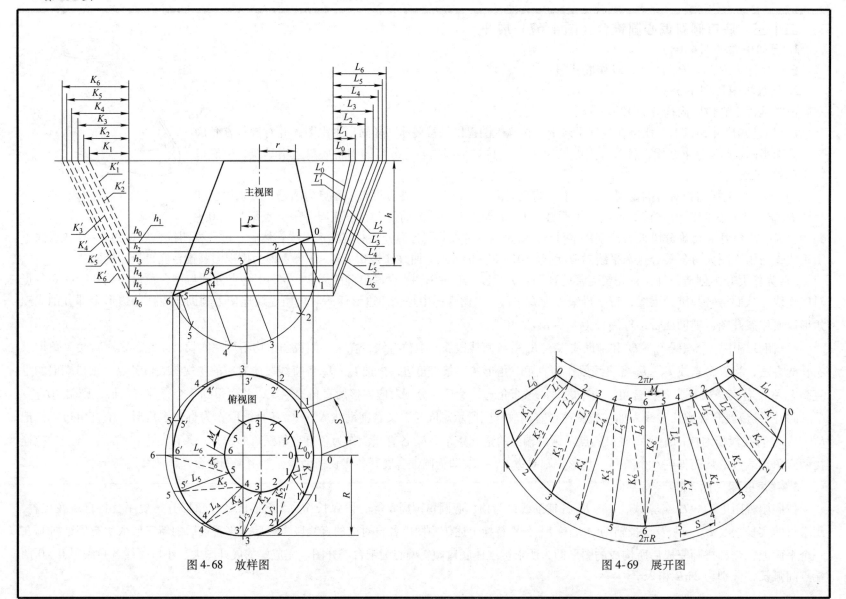

图 4-68　放样图

图 4-69　展开图

二十四、顶口倾斜正心圆锥台（图4-70）展开

1. 已知条件（图4-71）

已知尺寸 R、r、β、h，求作展开图。

2. 作放样图（图4-71）

设圆锥台顶、底口圆周均分为12等份。

图4-70　立体图

1）用已知尺寸，以1:1比例在放样平台上，按施工图提供的被展体图样画出主视图，并对倾斜 β 角的顶口作截面半圆，6等分半圆周，各等分点编号为0~6。再过半圆周各等分点向锥台顶口边引垂线，交锥台顶口边于0~6各点。

2）画出与主视图相对应的俯视图，以主、俯视图投影中心点为圆心，分别以已知尺寸 R、r 为半径画大、小两个同心圆，并12等分大、小圆周，大、小圆周各等分点编号为0~6~0，大、小口圆周每等分段弧长分别用字母 S、M 表示。过小口圆周各等分点对应画水平线，然后，过主视图锥台顶口边0~6各点向下引垂线，与俯视图小口各等分点水平线对应相交于 $0'$~$6'$~$0'$ 各点，曲线连接 $0'$~$6'$~$0'$ 各点即为俯视图圆锥台顶口投影椭圆。

3）为作展开图创造条件，首先要完善俯视图有关线段，俯视图锥台顶口椭圆周 $0'$~$6'$~$0'$ 各点，分别与锥台底口圆周 0~6~0 各点对应连线，从而得到圆锥台素线，带字母编号为 L_0~L_6，对俯视图中每个四边形任一对角用虚线连接为辅助线，把四边形全部分割成三角形，以便锥台作展开图。辅助线带字母编号为 K_0~K_2、K_4~K_6。

4）俯视图中锥台素线 L_0~L_6 和辅助线 K_0~K_2、K_4~K_6 等各直线段属一般位置线，在主、俯视图中均不反映实长，因此，采用直角三角形求实长的方法，将锥台素线 L_0~L_6 各直线段作为直角三角形的一条直角边，再把 L_0~L_6 各直线段所对应的主视图顶口各点至底口端面的垂直高 h_0~h_6 各直线段作为各自直角三角形的另一条直角边，然后，分别对应连接两直角边端点，从而得到7个直角三角形，则斜边 L'_0~L'_6 即为圆锥台展开各实长素线，如主视图圆锥台右侧放样图所示。同时，又将辅助线 K_0~K_2、K_4~K_6 各直线段作为直角三角形的一条直角边，再把 K_0~K_2、K_4~K_6 各直线段所对应的主视图顶口各点至底口端面的垂直高 h_0~h_2、h_4~h_6 各直线段作为各自直角三角形的另一条直角边，然后，分别对应连接两直角边端点，从而得到6个直角三角形，则斜边 K'_0~K'_2、K'_4~K'_6 即为圆锥台展开各实长辅助线，如主视图圆锥台左侧放样图所示。

3. 作展开图（图4-72）

按照俯视图上 L_0~L_6 各素线，K_0~K_2、K_4~K_6 各辅助线与顶、底圆口圆周每等分段弧长 M、S 所形成的三角形分布规律及各自所在位置，用求得的实长素线 L'_0~L'_6，及实长辅助线 K'_0~K'_2、K'_4~K'_6 分别替换上述俯视图中各自对应的直线段，最后，将替换后的新三角形依次有序地拼画在一个平面上，全部拼画完成后所构成的图形即为所求顶口倾斜正心圆锥台展开图。完成好的展开图大、小口弧线，各自编号0、0两端点间弧长，分别为 $2\pi R$ 和 $2\pi r$。

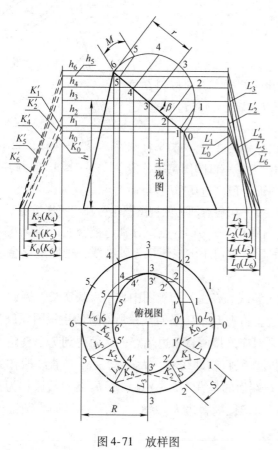

图 4-71　放样图

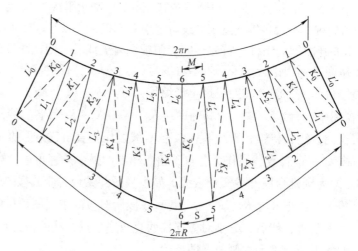

图 4-72　展开图

二十五、顶口倾斜偏心圆锥台（图4-73）展开

1. 已知条件（图4-74）

已知尺寸 R、r、P、β、h，求作展开图。

2. 作放样图（图4-74）

设圆锥台顶、底口圆周均分为 12 等份。

1）用已知尺寸，以 1:1 比例在放样平台上，按施工图提供的被展体图样画出主视图，并对倾斜 β 度的顶口作截面半圆，6 等分半圆周，各等分点编号为 0~6，再过半圆周各等分点向锥台顶口边引垂线，交锥台顶口边于 0~6 各点。

图 4-73　立体图

2）画出与主视图相对应的俯视图，以主、俯视图锥台顶、底两口各自投影中心点为圆心，分别以已知尺寸 R、r 为半径画间距为 P 偏心的大、小两圆，并 12 等分大、小圆周，大、小圆周各等分点编号为 0~6~0，大、小口圆周每等分段弧长分别用字母 S、M 表示。过小圆周各等分点对应画水平线，然后，过主视图锥台顶口边 0~6 各点向下引垂线，与俯视图小口各等分点水平线对应相交于 $0'~6'~0'$ 各点，曲线连接 $0'~6'~0'$ 各点即为俯视图圆锥台顶口投影椭圆。

3）为作展开图创造条件，首先要完善俯视图有关线段，俯视图圆锥台顶口椭圆周 $0'~6'~0'$ 各点，分别与锥台底口圆周 0~6~0 各点对应连线，从而得到圆锥台素线，带字母编号为 $L_0~L_6$，对俯视图中每个四边形任一对角用虚线连接为辅助线，把四边形全部分割成三角形以便作展开图，辅助线带字母编号为 $K_1~K_6$。

4）俯视图中锥台素线 $L_0~L_6$ 和辅助线 $K_1~K_6$ 等各直线段属一般位置线，在主、俯视图中均不反映实长，因此，采用直角三角形求实长的方法，将锥台素线 $L_0~L_6$ 直线段作为直角三角形的一条直角边，再把 $L_0~L_6$ 各直线段所对应的主视图顶口各点至底口端面的垂直高 $h_0~h_6$ 各直线段作为直角三角形的另一条直角边，然后，分别对应连接两直角边端点，从而得到 7 个直角三角形，则斜边 $L'_0~L'_6$ 即为圆锥台展开各实长素线，如主视图圆锥台右侧放样图所示。同时，又将辅助线 $K_1~K_6$ 各直线段作为直角三角形的一条直角边，再把 $K_1~K_6$ 各直线段所对应的主视图顶口各点至底口端面的垂直高 $h_1~h_6$ 各直线段作为直角三角形的另一条直角边，然后，分别对应连接两直角边端点，从而得到 6 个直角三角形，则斜边 $K'_1~K'_6$ 即为圆锥台展开各实长辅助线，如主视图锥台左侧放样图所示。

3. 作展开图（图4-75）

按照俯视图上 $L_0~L_6$ 各素线，$K_1~K_6$ 各辅助线，与顶、底圆口圆周每等分段弧长 M、S 所形成的三角形分布规律及各自所在位置，用求得的实长素线 $L'_0~L'_6$，及实长辅助线 $K'_1~K'_6$ 分别替换上述俯视图中各自对应的直线段。最后，将替换后的新三角形依次有序地拼画在一个平面上，全部拼画完成后所构成的图形即为所求顶口倾斜偏心圆锥台展开图。完成好的展开图大、小口弧线，各自编号 0、0 两端点间弧长，分别为 $2\pi R$ 和 $2\pi r$。

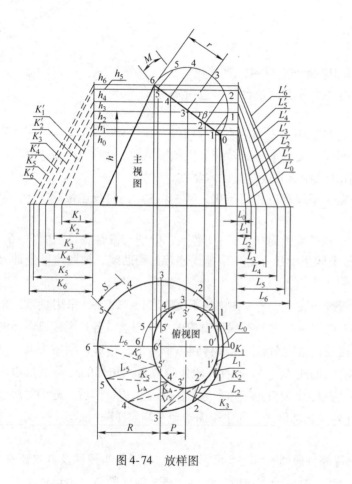

图 4-74　放样图

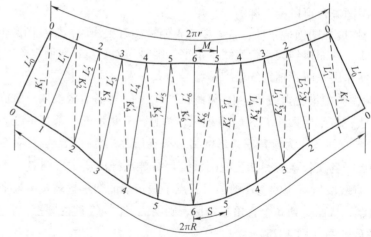

图 4-75　展开图

二十六、主圆支方平口等偏心 V 形三通（图 4-76）展开

1. 已知条件（图 4-77）

已知尺寸 a、b、R、P、h，求作展开图。

2. 作放样图（图 4-77）

设三通主管口圆周分为 12 等份。

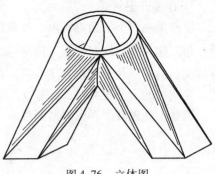

图 4-76 立体图

1）用已知尺寸，以 1:1 比例在放样平台上，按施工图提供的被展体图样画出主视图，并对主管口作截面半圆，6 等分半圆周，则一支管 1/2 半圆周分为 3 等份，各等分点编号为 0~3，过各等分点向下引垂线，与主管口右侧边相交于 0~3 各点。过 0~3 各点与支管方口外角点连线，从而得到 L_0~L_3，各直线段为三通支管外侧素线，所对应的垂高是 h。主管口纵向中轴线，是两支管对接相贯线，因此，以主管口中为圆心，以 R 为半径画弧，交相贯线于 0 点。3 等分 1/4 圆周，各等分点编号 0~3，再过各点画水平线交相贯线于 0~3 各点。过相贯线 0~3 各点与支管方口内角点连线，从而得到 K_0~K_3 各直线段，它们是三通支管内侧素线，所对应的垂高是相贯线 0~3 各点至支管口端面的高 h_0~h_3。主管口圆周各等分段弧长用字母 S 表示。

2）画出与主视图相对应的俯视图，为作展开图创造条件，首先要完善俯视图，将主管口圆周分为 12 等份，则 1/4 圆周分为 3 等份，各等分点编号为 0~3，再过各点画水平线，与主管口纵向中轴线（相贯线）相交于 0~3 各点，过这 0~3 各点与对应的方口内角点连线，所得到的 K_0~K_3 直线段即为三通支管内侧素线。过主管圆口 0~3 各点与对应的方口外角点连线，所得到的 L_0~L_3 直线段即为三通支管外侧素线。

3）根据第一章所介绍的直线段投影特性，对照主、俯视图各直线段做如下分析：

① 支管方口边 a 直线段属正垂线，在俯视图中其长度反映实长。

② 支管方口边 b 直线段属侧垂线，在主、俯视图中其长度均反映实长。

③ 支管内、外侧素线 K_0~K_3、L_0~L_3 各直线属一般位置线，在主、俯视图中均不反映实长，需要通过作放样图解决。

4）采用直角三角形求实长的方法来解决一般位置线，具体方法是，将俯视图上的三通支管内侧素线 K_0~K_3 直线段作为直角三角形的一条直角边，再将主视图相贯线垂高 h_0~h_3 各直线段作为直角三角形的另一条直角边，分别对应连接各自两直角边端点，从而得到 4 个直角三角形，则斜边 K'_0~K'_3 直线段即为三通支管内侧实长素线，如主视图左侧放样图所示。继而，将俯视图上的三通支管外侧素线 L_0~L_3 直线段作为直角三角形的一条直角边，再将主视图三通垂高 h 直线段作为直角三角形的另一条直角边，然后，以 h 直线段所在直角边的端点为始点，分别与对应直角边上 L_0~L_3 各直线段端点连线，从而得到 4 个直角三角形，则斜边 L'_0~L'_3 直线段即为三通支管外侧实长素线。

3. 作展开图（图 4-78）

按照俯视图上三通支管内、外侧素线 $K_0 \sim K_3$、$L_0 \sim L_3$，主管口圆周每等分段弧长 S，以及支管方口边 a、b 等各直线段所形成的三角形分布规律及各自所在位置，用求得的支管内、外侧实长素线 $K'_0 \sim K'_3$、$L'_0 \sim L'_3$ 各直线段替换上述俯视图中各自对应的直线段。最后，将替换后的新三角形依次有序地拼画在一个平面上，全部拼画完成后所构成的图形即为所求主圆支方平口等偏心 V 形三通一支管展开图。完成好的展开图弧线，编号 0、3 两端点间弧长为 $\pi R/2$，编号 3、3 两端点间弧长为 πR。三通是由两个形状及尺寸相同的支管组成的，因此，此展开图样下料共两件。

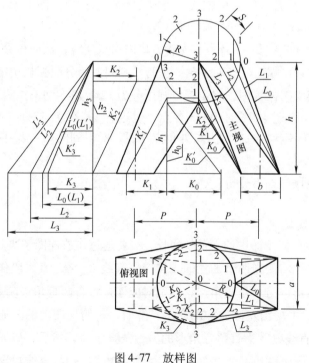

图 4-77　放样图

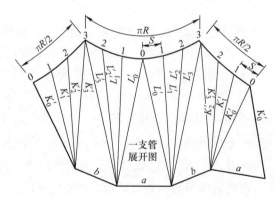

图 4-78　一支管展开图

二十七、主方支圆平口等偏心 V 形三通（图 4-79）展开

1. 已知条件（图 4-80）

已知尺寸 a、b、r、P、e、h、H，求作展开图。

2. 作放样图（图 4-80）

设三通支管圆口圆周分为 12 等份。

1）用已知尺寸，以 1∶1 比例在放样平台上，按施工图提供的被展体图样画出主视图及与主视图相对应的俯视图。

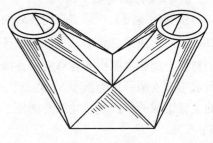

图 4-79　立体图

2）为作展开图创造条件，首先要完善俯视图有关线段，将支管口圆周分为 12 等份，则 1/4 圆周为 3 等份，各等分点编号为 0~3，过支管口外圆弧 0~3 各等分点与主管口方口对应角点连线，从而得到 L_0~L_3 各直线段，为三通支管外侧素线。过支管口内圆弧 0~3 各等分点与两支管接合口 e 直线段端点连线，从而得到 K_0~K_3 各直线段，为三通支管内侧素线。另外，对连接两支管的等腰三角形接合边直线段，用字母 c 表示。对支管口圆周每等分段弧长用字母 S 表示。

3）根据第一章所介绍的直线段投影特性，对照主、俯视图各直线段做如下分析：

① 三通主管口方口边 a 直线段属正垂线，在俯视图中其长度反映实长。

② 三通主管口方口边 b 直线段属侧垂线，在主、俯视图中其长度均反映实长。

③ 两支管接合口 e 直线段属正垂线，在俯视图中其长度反映实长。

④ 三通支管内、外侧素线 K_0~K_3、L_0~L_3，以及两支管三角形接合边 c 等直线段均属一般位置线，在主、俯视图中均不反映实长，需要通过作放样图解决。

4）采用直角三角形求实长的方法来解决一般位置线，具体方法是将俯视图上支管内侧素线 K_0~K_3 各直线段作为直角三角形的一条直角边，再将主视图三通两支管内接口高 h 直线段作为直角三角的另一条直角边，以 h 所在直角边的端点为始点，与对应直角边上的 K_0~K_3 直线段各端点连线，从而得到 4 个直角三角形，则斜边 K'_0~K'_3 直线段即为三通支管内侧实长素线，如主视图左侧放样图所示。又将俯视图上支管外侧素线 L_0~L_3 各直线段作为直角三角形的一条直角边，再将主视图三通整体高 H 直线段作为直角三角形的另一条直角边，然后以 H 所在直角边的端点为始点，与对应直角边上的 L_0~L_3 直线段各端点连线，从而得到 4 个直角三角形，则斜边 L'_0~L'_3 直线段即为三通支管外侧实长素线，如主视图左侧放样图所示。同理，c 和 $H-h$ 为一直角三角形两直角边的直线段，斜边 c' 为两支管实长接合边，如主视图右下方放样图所示。

3. 作展开图（图4-81）

　　按照俯视图上三通支管内、外侧素线 $K_0 \sim K_3$、$L_0 \sim L_3$，支管口圆周每等分段弧长 s，以及主管口方口边 a、b，两支管接合边 c、e 等直线段所形成的三角形分布规律及各自所在位置，用求得的支管内、外实长素线 $K_0' \sim K_3'$，$L_0' \sim L_3'$ 及两支管接合边 c' 等各实长直线段分别替换上述俯视图中各自对应的直线段。最后，将替换后的新三角形依次有序地拼画在一个平面上，全部拼画完成后所构成的图形即为所求主方支圆平口等偏心 V 形三通一支管展开图。完成好的展开图弧线，编号 0、0 两端点间弧长为 $2\pi r$。三通是由两个形状及尺寸相同的支管组成的，因此，此展开图样下料共两件。

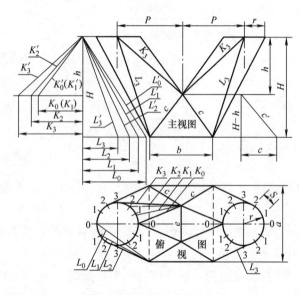

图 4-80　放样图

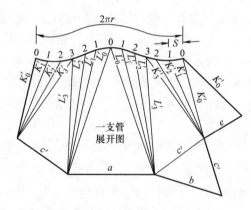

图 4-81　一支管展开图

二十八、主圆支方平口放射形正四通（图4-82）展开

1. 已知条件（图4-83）

已知尺寸 a、R、P、h，求作展开图。

2. 作放样图（图4-83）

设四通主管口圆周分为 12 等份。

图 4-82　立体图

1）用已知尺寸，以 1:1 比例在放样平台上，按施工图提供的被展体图样画出局部主视图及与主视图相对应的局部俯视图。

2）为作展开图创造必要条件，首先要完善俯视图有关线段，将俯视图主管口圆周分为 12 等份，则 1/4 圆周分为 3 等份，各等分点编号为 0~3，过圆周外圆弧 0~3 各点与支管方口内角点连线，从而获得支管外圆弧素线 $M_0 \sim M_3$ 各直线段，同时，各直线段又与俯视图相贯线交于 0~3 各点，从而又获得支管外圆弧相贯素线 $L_0 \sim L_3$ 各直线段。然后，过圆周内圆弧 0~3 各点，与支管方口外角点连线，从而获得支管内圆弧素线 $K_0 \sim K_3$ 各直线段。同时，素线 K_3 又与俯视图相贯线交于一点 3，从而获得内圆弧相贯素线 J_3 直线段。

3）继续完善主视图有关线段，过俯视图圆周内、外圆弧 0~3 各点向上引垂线，与主视图主管口边交于 0~3~0 各点，再过各自的 0~3 各点，分别与各自所对应的支管方口边端点连线，从而在主视图中获得支管内、外圆弧素线各自所对应的投影直线段。然后，过俯视图相贯线 0、0~3、2 各点向上引垂线，与主视图各投影直线段分别对应相交于 0、0′~3′、3′各点，用曲线连接 0、0′~3′、3′、2 各点，即为四通支管相贯线。四通支管右侧中线 d 作为展开对接缝，四通主管口圆周每等分段弧长用字母 S 表示。

4）根据第一章所介绍的直线段投影特性，对照主、俯视图各直线段做如下分析：

① 四通支管方口边 a 直线段属侧垂线，在主、俯视图中其长度均反映实长。

② 俯视图圆周外圆弧中点 0 至支管相贯中点间距 c 直线段属正平线，在主视图中其长度反映实长，用字母 c' 表示。

③ 四通支管右侧中线 d 直线段属正平线，在主视图中其长度反映实长，用字母 d' 表示。

④ 四通支管内、外圆弧素线 $K_0 \sim K_3$、$M_0 \sim M_3$ 各直线段，以及支管内、外圆弧相贯素线 J_3、$L_0 \sim L_3$ 等各直线段均属一般位置线，在主、俯视图中均不反映实长，需要通过作放样图解决。

5）采用直角三角形求实长的方法来解决一般位置线，就是将俯视图上支管内、外圆弧素线 $K_0 \sim K_3$、$M_0 \sim M_3$ 各直线段，分别作为各自直角三角形的一条直角边，再将主俯图上四通垂高 h 直线段，分别作为各自对应的直角三角形的另一条直角边，再以 h 直线段的端点为始点，分别与各自对应的直角边上的 $K_0 \sim K_3$、$M_0 \sim M_3$ 直线段各端点连线，从而各得 4 个直角三角形，则斜边 $K'_0 \sim K'_3$、$M'_0 \sim M'_3$ 直线段，分别为四通支管内、外圆弧实长素线。然后，过主视图相贯线 3′、0′~3′各点向主视图两侧引水平线，分别与各自对应的支管内、外圆弧实长素线 K'_3、$M'_0 \sim M'_3$ 各直线段交于 3′、0′~3′各点，从而获得 J'_3、$L'_0 \sim L'_3$ 各直线段，分别为四通支管内、外圆弧实长相贯素线，如主视图两侧放样图所示。

3. 作展开图（图 4-84）

按照俯视图上支管内、外圆弧素线 $K_0 \sim K_3$、$M_0 \sim M_3$，支管内、外圆弧相贯素线 J_3、$L_0 \sim L_3$，主管口圆周每等分段弧长 S，以及支管两侧中线 c、d 等各直线段所组成的三角形分布规律及各自所在位置，用求得的支管内、外圆弧实长素线 $K'_0 \sim K'_3$、$M'_0 \sim M'_3$，支管内、外圆弧实长相贯素线 J'_3、$L'_0 \sim L'_3$ 及支管两侧实长中线 c'、d' 各实长直线段分别替换上述俯视图中各自对应的直线段，最后，将替换后的新三角形依次有序地拼画在一个平面上，全部拼画完成后所构成的图形即为所求主圆支方平口放射形正四通一支管展开图。完成好的展开图，主管口圆弧线编号 0、0 两端点间弧长为 $2\pi R$。四通是由三个形状及尺寸相同的支管组成的，因此，此展开图样下料共三件。

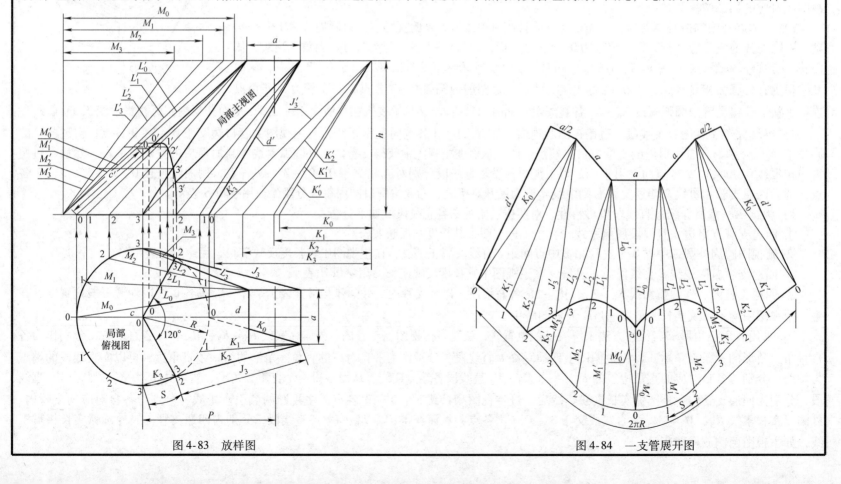

图 4-83　放样图

图 4-84　一支管展开图

二十九、主方支圆平口放射形正五通（图4-85）展开

1. 已知条件（图4-86）

已知尺寸 a、r、P、H，求作展开图。

2. 作放样图（图4-86）

设五通支管圆周分为 12 等份。

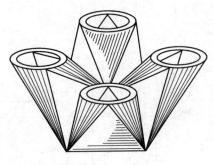

图4-85 立体图

1）用已知尺寸，以 1:1 比例在放样平台上，按施工图提供的图样画出主视图，两支管内侧边线相交点至支管端口垂高用字母 h 表示。

2）画出与主视图相对应的俯视图，并完善有关展开的直线段。将支管圆口圆周分为 12 等份，则 1/4 圆周分为三等份，将各等分点编号为 0~3，过支管口内圆弧 0~3 各点与支管内侧相贯中点连线，从而获得支管内侧素线 L_0~L_3 各直线段，再过支管口外圆弧 0~3 各点与支管外侧相贯点连线，从而获得支管外侧素线 K_0~K_3 各直线段。支管口圆周每等分段弧长用字母 S 表示。

3）根据第一章所介绍的直线段投影特性，对照主、俯视图各直线段做如下分析：

① 五通主方口边 a 直线段属侧垂线，或正垂线，在俯视图中其长度均反映实长。

② 五通内侧相贯线 c 直线段，以及支管内、外侧素线 L_0~L_3、K_0~K_3 各直线段均属一般位置线，需要通过作放样图解决。

4）采用直角三角形求实长的方法来解决一般位置线，具体方法是，将五通支管内侧相贯线 c 直线段作为直角三角形的一条直角边，再将垂高 $H-h$ 直线段作为直角三角形的另一条直角边，连接两直角边端点即为实长斜边 c' 直线段。另外，将支管内、外素线 L_0~L_3、K_0~K_3 各直线段分别作为各自直角三角形的一条直角边，再将主视图垂高 h、H 直线段分别作为各自对应的直角三角形的另一条直角边，分别以 h、H 直线段各自所在直角边的端点为始点，与各自对应的直角边上的 L_0~L_3、K_0~K_3 直线段各端点连线，从而各得 4 个直角三角形，则斜边 L_0'~L_3'、K_0'~K_3' 各直线段分别为五通支管内、外侧实长素线，如主视图两侧放样图所示。

3. 作展开图（图4-87）

按照俯视图上支管内、外素线 L_0~L_3、K_0~K_3，支管口圆周每等分段弧长 S，以及支管内侧相贯线 c 等各直线段所组成的三角形分布规律及各自所在位置，用求得的支管内、外侧实长素线 L_0'~L_3'、K_0'~K_3'，以及支管内侧相贯线 c' 等各实长直线段，分别替换以上所述各自对应的直线段，最后，将替换后的新三角形依次有序地拼画在一个平面上，全部拼画完成后所构成的图形即为所求主方支圆平口放射形正五通一支管展开图。完成好的展开图弧线，编号 0、0 两端点间弧长为 $2\pi r$。五通是由四个形状及尺寸相同的支管组成的，因此，此展开图样下料共四件。

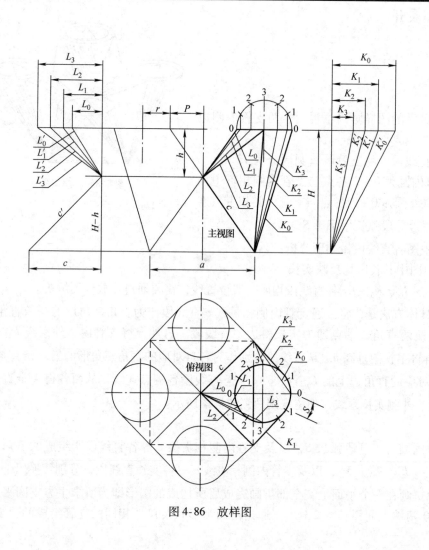

图 4-86 放样图

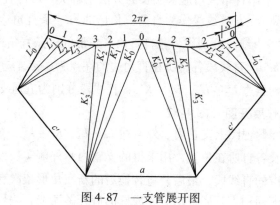

图 4-87 一支管展开图

三十、主方支方平口放射形正五通（图4-88）展开

1. 已知条件（图4-89）

已知尺寸 a、b、P、h，求作展开图。

2. 作放样图（图4-89）

1）用已知尺寸，以1:1比例在放样平台，按施工图提供的被展体图样画出主视图及与主视相对应的俯视图。

2）主视图支管内角线相交点至主管口端及支管口端的垂高分别用字母 h_1 及 h_2 表示。

图4-88 立体图

3）为作展开图创造必要条件，首先要完善俯视图有关线段，将五通支管外板梯形面，用虚线作对角线，用字母 J 表示；外板是等腰梯形，斜边用字母 W 表示；支管内板三角形面是等腰三角形，斜边用字母 K 表示；支管侧板与三角形过渡板接合线用字母 L 表示；支管接合相贯线用字母 c 表示。

4）在俯视图中，支管内板三角形斜边 K 所对应的高是 h_2；支管接合相贯线 c 所对应的高是 h_1；支管外板梯形斜边 W、对角线 J，以及支管侧板与三角形过渡板接合线 L 所对应的高均是 h。

5）根据第一章所介绍的直线段投影特性，对主、俯视图各直线段做如下分析：

① 五通支管端口边 b 直线段属侧垂线，在主、俯视图中均反映实长。

② 五通支管主口边 a 直线段属侧垂线，在主、俯视图中均反映实长。

③ 俯视图中 K、c、W、J、L 各直线段均属一般位置线，在主、俯视图中均不反映实长，需要通过作放样图解决。

6）采用直角三角形求实长的方法来解一般位置线，就是将俯视图中的内板斜边 K 直线段作直角三角形的一条直角边，再将其对应的高 h_2 直线段作为直角三角形的另一条直角边，连接两直角边端点，则斜边 K' 就是实长。又将相贯线 c 直线段作为直角三角形的一条直角边，再将其对应的高 h_1 直线段作为直角三角形的另一条直角边，连接两直角边端点，则斜边 c' 就是实长直线段，如主视图左侧放样图所示。继而，将俯视图中的外板斜边 W、对角线 J、接合线 L 各直线段作为直角三角形的一条直角边，再将它们对应的高 h 直线段作为直角三角形的另一条直角边，以这条直角边端点为始点，与对应的直角边各线段端点连线，从而得到3个直角三角形，则斜边 W'、J'、L' 就是各自对应的实长直线段，如主视图右侧放样图所示。

3. 作展开图（图4-90）

按照俯视图上支管内板三角形斜边 K、外板梯形斜边 W、对角线 J，以及支管侧板与三角形过渡板接合线 L 和支管接合相贯线 c 等各直线段所组成的三角形分布规律及各自所在位置，用求得的各实长直线段 K'、W'、J'、L'、c' 分别替换上述俯视图中各自对应的直线段，最后，将替换后的新三角形依次有序地拼画在一个平面上，全部拼画完成后所构成的图形即为所求主方支方平口放射形正五通一支管展开图。五通是由四个形状及尺寸均相同的支管组成的，因此，该展开图样下料共四件。

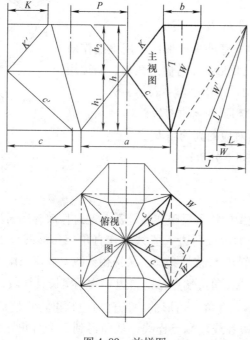

图 4-89 放样图

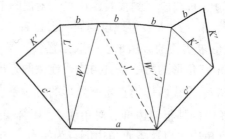

图 4-90 一支管展开图

三十一、主圆支方平口放射形正五通（图4-91）展开

1. 已知条件（图4-92）

已知尺寸 a、R、P、h，求作展开图。

2. 作放样图（图4-92）

设五通主管口圆周分为16等份。

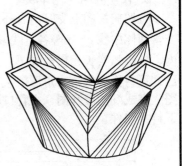

图4-91　立体图

1）用已知尺寸，以1:1比例在放样平台上，按施工图提供的被展体图样画出局部主视图及与主视图相对应的局部俯视图。

2）为作展开图创造必要条件，首先要完善俯视图有关线段，将俯视图五通主管口圆周分为16等份，则1/4圆周分为4等份，各等分点编号为 0～4，过圆周外圆弧0～4各点，与支管方口内角点连线，从而获得支管外圆弧素线 M_0～M_4 各直线段。同时，各直线段又与俯视图支管相贯线交于0～4各点，从而又获得支管外圆弧相贯素线 L_0～L_4 各直线段。然后，过圆周内圆弧0～4各点，与支管方口外角点连线，从而获得支管内圆弧素线 K_0～K_4 各直线段，同时，素线 K_3、K_4 又与俯视图支管相贯线延长线交于3、4两点，从而又获得支管内圆弧相贯素线 J_3、J_4 两直线段。

3）继而完善主视图有关线段，过俯视图圆周内、外圆弧0～4各点向上引垂线，与主视图主管口边交于0～4～0各点，再过各自的0～4各点，分别与各自对应的支管方口边端点连线，从而在主视图中获得支管内、外圆弧素线各自所对应的投影直线段。然后，过俯视图相贯线0、0～4各点，以及延长线3、4两点向上引垂线，与主视图各投影直线段分别对应相交于0、0′～4′、4′、3′各点，曲线连接0、0′～4′、4′、3′各点即为五通支管相贯线。五通支管右侧 d 作为展开对接缝，五通主管口圆周每等分段弧长用字母 S 表示。

4）根据第一章所介绍的直线段投影特性，对照主、俯视图各直线段做如下分析：

① 五通支管方口边 a 直线段属侧垂线，在主、俯视图中其长度均反映实长。

② 俯视图圆周外圆弧中点0至支管相贯中点间距 c 直线段属正平线，在主视图中其长度反映实长，用字母 c' 表示。

③ 五通支管右侧中线 d 直线段属正平线，在主视图中其长度反映实长，用字母 d' 表示。

④ 五通支管内、外圆弧素线 K_0～K_4、M_0～M_4 各直线段，以及支管内、外圆弧相贯素线 J_3、J_4、L_0～L_4 等各直线段均属一般位置线，在主、俯视图中均不反映实长，需要通过作放样图解决。

5）采用直角三角形求实长的方法来解决一般位置线，就是将俯视图上支管内、外圆弧素线 K_0～K_4、M_0～M_4 各直线段分别作为各自直角三角形的一条直角边，再将主视图上五通垂高 h 直线段分别作为各自对应的直角三角形的另一条直角边，再以 h 直线段的端点为始点，分别与各自对应的直角边上的 K_0～K_4、M_0～M_4 直线段各端点连线，从而各得5个直角三角形，则斜边 K'_0～K'_4、M'_0～M'_4 直线段分别为五通支管内、外圆弧实长素线。然后，过主视图相贯线3′～4′、0′～4′各点向主视图两侧引水平线，分别与各自对应的支管内、外圆弧实长素线 K'_3、K'_4、M'_0～M'_4 各直线段交于3′～4′、0′～4′各点，从而获得 J''_3、J''_4、L''_0～L''_4 各直线段，分别为五通支管内、外圆弧实长相贯素线，如主视图两侧放样图所示。

3. 作展开图（图4-93）

按照俯视图上支管内、外圆弧素线 $K_0 \sim K_4$、$M_0 \sim M_4$，支管内、外圆弧相贯素线 J_3、J_4、$L_0 \sim L_4$，主管口圆周每等分段弧长 S，以及支管两侧中线 c、d 等各直线段所组成的三角形分布规律及各自所在位置，用求得的支管内、外圆弧实长素线 $K'_0 \sim K'_4$、$M'_0 \sim M'_4$，支管内、外圆弧实长相贯素线 J''_3、J''_4、$L''_0 \sim L''_4$，及支管两侧实长中线 c'、d' 等各实长直线段，分别替换上述俯视图中各自对应的直线段。最后，将替换后的新三角形依次有序地拼画在一个平面上，全部拼画完成后所构成的图形即为所求主圆支方平口放射形正五通一支管展开图。完成好的展开图，主管口圆周弧线编号 0、0 两端点间弧长为 $2\pi R$。五通是由四个形状及尺寸相同的支管组成的，因此，此展开图样下料共四件。

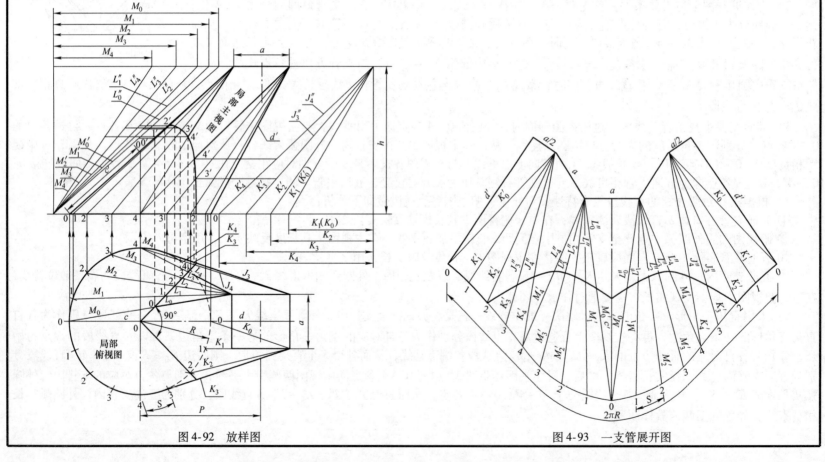

图 4-92　放样图　　　　　　　　　　　图 4-93　一支管展开图

附录　圆管偏心平交斜圆锥台展开计算

此案例为《钣金展开计算 210 例》一书补充一例，供读者参阅。

1. 展开计算模板（附图 1）

（1）已知条件

1）圆锥台底口内半径 R。

2）圆锥台顶口内半径 E。

3）圆锥台高 H。

4）圆锥台顶底口偏心距 b。

5）圆管外半径 r。

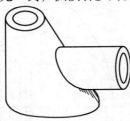

附图 1　立体图

6）圆管中至圆锥台底口垂高 h。

7）圆管端口至圆锥台底口中水平距 J。

8）圆管与圆锥台偏心距 c。

9）圆管壁厚 t。

（2）所求对象

1）圆管展开各素线实长 $L_{0 \sim n}$、$L'_{1 \sim n}$。

2）圆锥台开孔 0 号圆心至锥台底口边距 F。

3）圆锥台开孔 0 号圆心至各圆心点距 $f_{0 \sim n}$。

4）圆锥台相贯孔各交点纵半径 $P_{0 \sim n}$。

5）圆锥台相贯孔各交点至锥台中线横弧长 $M_{0 \sim n}$、$M'_{1 \sim n}$。

6）圆管展开各等分段中弧长 $S_{0 \sim n}$。

（3）过渡条件公式

1）主视图（附图 2）圆锥台底角为

$$A = \arctan[\,H/(R + b - E)\,]$$

2）主视图圆锥台中线与底口边夹角为

$$B = \arctan\ (H/b)$$

3）俯视图（附图 3）0 号圆心点至圆锥顶口中距为

$$K = b - (h + r \cdot \cos\beta_0)/\tan B$$

4）俯视图 0 号圆心点至圆锥底口边距为

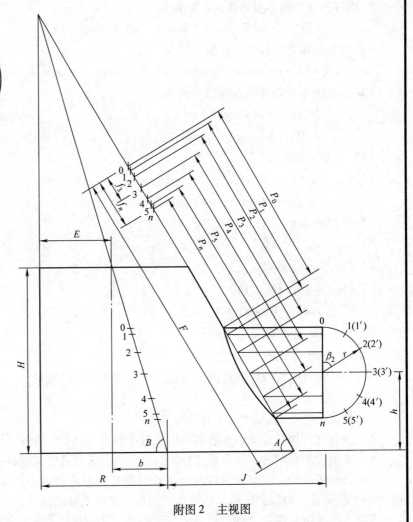

附图 2　主视图

$$D = R + (h + r \cdot \cos\beta_0)/\tan B$$

5）俯视图 0 号圆心点至各圆心点距为

$$d_{0 \sim n} = D - \left[R + (h + r \cdot \cos\beta_{0 \sim n}) \right]/\tan B$$

6）俯视图相贯孔各交点纬圆半径为

$$e_{0 \sim n} = R + (h + r \cdot \cos\beta_{0 \sim n})/\tan B - (h + r \cdot \cos\beta_{0 \sim n})/\tan A$$

7）俯视图相贯孔各交点纬圆夹角为

$$Q_{0 \sim n} = \arcsin\left[(c + r\sin\beta_{0 \sim n})/e_{0 \sim n} \right]$$

$$Q'_{1 \sim n} = \arcsin\left[(c - r\sin\beta'_{1 \sim n})/e'_{1 \sim n} \right]$$

（4）计算公式

1）$L_{0 \sim n} = J + b - (K + d_{0 \sim n} + e_{0 \sim n}\cos Q_{0 \sim n})$

$\quad L'_{1 \sim n} = J + b - (K + d'_{1 \sim n} + e'_{1 \sim n}\cos Q'_{1 \sim n})$

2）$F = D/\cos A$

3）$f_{0 \sim n} = d_{0 \sim n}/\cos A$

4）$P_{0 \sim n} = e_{0 \sim n}/\cos A$

5）$M_{0 \sim n} = \pi e_{0 \sim n} Q_{0 \sim n}/180°$

$\quad M'_{1 \sim n} = \pi e'_{1 \sim n} Q'_{1 \sim n}/180°$

6）$S_{0 \sim n} = \pi(2r - t)\beta_{0 \sim n}/360°$

式中　n——圆管半圆周等分数。

　　$\beta_{0 \sim n}$——圆管圆周各等分点同圆心连线与 0 位半径轴的夹角。

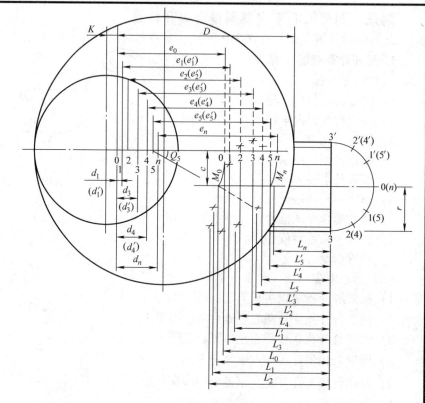

附图 3　俯视图

说明：

1）公式中 $0 \sim n$ 以及 $1' \sim n$ 编号均一致。

2）圆管展开周长计算，板卷制管以圆管中径，成品管以圆管外径为依据。

3）本附录所介绍的圆锥台是直角斜圆锥台，但其计算模板同样适用于锐角斜圆锥台和钝角斜圆锥台的展开计算。

4）已知条件中，圆锥台顶口内半径 E 与圆锥台顶底口偏心距 b 相加之和，同圆锥台底口内半径比较，两值相等是直角斜圆锥台，前值小于后值是锐角斜圆锥台，前值大于后值则是钝角斜圆锥台。

5）本附录所介绍的"展开计算模板"也适用于圆管正心平交斜圆锥台的展开，只要把已知条件中圆管与圆锥台偏心距 c 设置为 0 即可。

6）圆管偏心有两种情况。一种是圆管在斜圆锥台中线的同一侧；另一种是圆管骑斜圆锥台跨中线两侧。对后一种情况的偏心，计算结果横弧长 M 就会出现负值，画开孔线时，正值在斜圆锥台中线靠开孔圆管中的一侧，反之，负值在斜圆锥台中线的另一侧。

7）斜圆锥台展开见《钣金展开计算 210 例》第四章第三、四、五节"展开计算模板"。

2. 展开计算实例（附图 4、附图 5）

（1）已知条件（附图 2、附图 3）

$R = 700$，$E = 400$，$H = 960$，$b = 300$，$r = 240$，$h = 420$，$J = 860$，$c = 180$，$t = 8$。

（2）所求对象　同本附录"展开计算模板"。

（3）过渡条件（设 $n = 6$）

1）$A = \arctan[960/(700 + 300 - 400)] = 57.9946°$

2）$B = \arctan(960/300) = 72.646°$

3）$K = 300 - (420 + 240 \times \cos0°)/\tan72.646° = 94$

4）$D = 700 + (420 + 240 \times \cos0°)/\tan72.646° = 906$

5）$d_0 = 906 - [700 + (420 + 240 \times \cos0°)/\tan72.646°] = 0$

$d_1 = 906 - [700 + (420 + 240 \times \cos30°)/\tan72.646°] = 10$

$d_2 = 906 - [700 + (420 + 240 \times \cos60°)/\tan72.646°] = 37.5$

$d_3 = 906 - [700 + (420 + 240 \times \cos90°)/\tan72.646°] = 75$

$d_4 = 906 - [700 + (420 + 240 \times \cos120°)/\tan72.646°] = 112.5$

$d_5 = 906 - [700 + (420 + 240 \times \cos150°)/\tan72.646°] = 140$

$d_6 = 906 - [700 + (420 + 240 \times \cos180°)/\tan72.646°] = 150$

6）$e_0 = 700 + (420 + 240 \times \cos0°)/\tan72.646° - (420 + 240 \times \cos0°)/\tan57.9946° = 494$

$e_1 = 700 + (420 + 240 \times \cos30°)/\tan72.646° - (420 + 240 \times \cos30°)/\tan57.9946° = 504$

$e_2 = 700 + (420 + 240 \times \cos60°)/\tan72.646° - (420 + 240 \times \cos60°)/\tan57.9946° = 531$

$e_3 = 700 + (420 + 240 \times \cos90°)/\tan72.646° - (420 + 240 \times \cos90°)/\tan57.9946° = 569$

$e_4 = 700 + (420 + 240 \times \cos120°)/\tan72.646° - (420 + 240 \times \cos120°)/\tan57.9946° = 606$

$e_5 = 700 + (420 + 240 \times \cos150°)/\tan72.646° - (420 + 240 \times \cos150°)/\tan57.9946° = 634$

$e_6 = 700 + (420 + 240 \times \cos180°)/\tan72.646° - (420 + 240 \times \cos180°)/\tan57.9946° = 644$

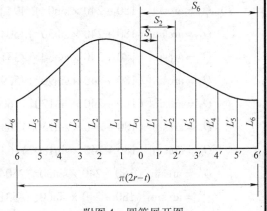

附图 4　圆管展开图

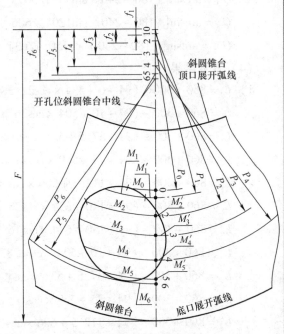

附图 5　斜圆锥台局部展开开孔图

7) $Q_0 = \arcsin[(180 + 240 \times \sin0°)/494] = 21.3803°$

$Q_1 = \arcsin[(180 + 240 \times \sin30°)/504] = 36.5467°$

$Q_2 = \arcsin[(180 + 240 \times \sin60°)/531] = 46.8918°$

$Q_3 = \arcsin[(180 + 240 \times \sin90°)/569] = 47.6006°$

$Q_4 = \arcsin[(180 + 240 \times \sin120°)/606] = 39.7729°$

$Q_5 = \arcsin[(180 + 240 \times \sin150°)/634] = 28.2558°$

$Q_6 = \arcsin[(180 + 240 \times \sin180°)/644] = 16.2370°$

$Q'_1 = \arcsin[(180 - 240 \times \sin30°)/504] = 6.8399°$

$Q'_2 = \arcsin[(180 - 240 \times \sin60°)/531] = -3.0046°$

$Q'_3 = \arcsin[(180 - 240 \times \sin90°)/569] = -6.0557°$

$Q'_4 = \arcsin[(180 - 240 \times \sin120°)/606] = -2.6326°$

$Q'_5 = \arcsin[(180 - 240 \times \sin150°)/634] = 5.4330°$

（4）计算结果

1) $L_0 = 860 + 300 - (94 + 0 + 494 \times \cos21.3803°) = 606$

$L_1 = 860 + 300 - (94 + 10 + 504 \times \cos36.5467°) = 651$

$L_2 = 860 + 300 - (94 + 37.5 + 531 \times \cos46.8918°) = 666$

$L_3 = 860 + 300 - (94 + 75 + 569 \times \cos47.6006°) = 607$

$L_4 = 860 + 300 - (94 + 112.5 + 606 \times \cos39.7729°) = 488$

$L_5 = 860 + 300 - (94 + 140 + 634 \times \cos28.2558°) = 368$

$L_6 = 860 + 300 - (94 + 150 + 644 \times \cos16.2370°) = 298$

$L'_1 = 860 + 300 - (94 + 10 + 504 \times \cos6.8399°) = 556$

$L'_2 = 860 + 300 - [94 + 37.5 + 531 \times \cos(-3.0046°)] = 498$

$L'_3 = 860 + 300 - [94 + 75 + 569 \times \cos(-6.0557°)] = 425$

$L'_4 = 860 + 300 - [94 + 112.5 + 606 \times \cos(-2.6326°)] = 348$

$L'_5 = 860 + 300 - (94 + 140 + 634 \times \cos5.4330°) = 295$

2) $F = 906/\cos57.9946° = 1709$

3) $f_0 = 0/\cos57.9946° = 0$

$f_1 = 10/\cos57.9946° = 19$

$f_2 = 37.5/\cos57.9946° = 71$

$f_3 = 75/\cos57.9946° = 142$

$f_4 = 112.5/\cos57.9946° = 212$

$f_5 = 140/\cos57.9946° = 264$

$f_6 = 150/\cos57.9946° = 283$

4) $P_0 = 494/\cos57.9946° = 932$

$P_1 = 504/\cos57.9946° = 951$

$P_2 = 531/\cos57.9946° = 1002$

$P_3 = 569/\cos57.9946° = 1073$

$P_4 = 606/\cos57.9946° = 1143$

$P_5 = 634/\cos57.9946° = 1196$

$P_6 = 644/\cos57.9946° = 1215$

5) $M_0 = 3.14159 \times 494 \times 21.3803°/180° = 184$

$M_1 = 3.14159 \times 504 \times 36.5467°/180° = 321$

$M_2 = 3.14159 \times 531 \times 46.8918°/180° = 435$

$M_3 = 3.14159 \times 569 \times 47.6006°/180° = 473$

$M_4 = 3.14159 \times 606 \times 39.7729°/180° = 421$

$M_5 = 3.14159 \times 634 \times 28.2558°/180° = 313$

$M_6 = 3.14159 \times 644 \times 16.2370°/180° = 183$

$M'_1 = 3.14159 \times 504 \times 6.8399°/180° = 60$

$M'_2 = 3.14159 \times 531 \times (-3.0046°)/180° = -28$

$M'_3 = 3.14159 \times 569 \times (-6.0557°)/180° = -60$

$M'_4 = 3.14159 \times 606 \times (-2.6326°)/180° = -28$

$M'_5 = 3.14159 \times 634 \times 5.4330°/180° = 60$

6) $S_0 = 3.14159 \times (2 \times 240 - 8) \times 0°/360° = 0$

$S_1 = 3.14159 \times (2 \times 240 - 8) \times 30°/360° = 124$

$S_2 = 3.14159 \times (2 \times 240 - 8) \times 60°/360° = 247$

$S_3 = 3.14159 \times (2 \times 240 - 8) \times 90°/360° = 371$

$S_4 = 3.14159 \times (2 \times 240 - 8) \times 120°/360° = 494$

$S_5 = 3.14159 \times (2 \times 240 - 8) \times 150°/360° = 618$

$S_6 = 3.14159 \times (2 \times 240 - 8) \times 180°/360° = 741$

后　　记

　　亲爱的读者，当你认真阅读完本书后，对正投影作图基本原理及图解法中的三种展开方法都有了较深刻的理解和领悟了吧？尤其是三角形展开法，它是一种万能展开方法，也是计算法展开计算公式建立最基础的依据。所以，笔者在书中讲解得特别详细，对被展制件的每一条线段，对照直线段投影特性逐一分析，而且对主视图、俯视图不能反映实长的线段，如何采用直角三角形求实长的方法也做了详细介绍，其目的是帮助读者更清晰明了、更快捷地理解、掌握其中最基本的知识，夯实计算法的基础。只要读者弄懂了这些知识，再去学习科学先进的钣金展开计算法，就容易上手得多，因为钣金展开计算法中的计算公式，是根据图解法投影规律作图原理建立的。若学习者，特别是初学者在没有学习基础知识前就直接学习计算展开，是很难理解计算公式的，又怎么能学习好计算法展开这门知识？这也是笔者编写本书的原因所在。

　　在当今社会高度发展的时代，随着计算器及计算机的普及应用，钣金展开可通过计算的方法来实现，因此，笔者也抱着与时俱进的想法于2018年编写了《钣金展开计算210例》一书，而且还配有"计算模板"光盘。亲爱的读者，学习图解法展开是为了夯实基础，最终目的是要学习科学先进的计算法展开，用计算的方法求得被展制件展开所需要的有关素线实长，不用放大样展开，就可直接画出所需被展体的展开图样。而"计算模板"光盘，不需人工计算，由计算机代劳，具有速度快、精度高、正确率高等特点。

　　本书定能帮助读者在实际工作中快、准、精地完成构件展开，从而实现生产率显著提高。

兰文华